水生态系统服务价值
管理理论、方法及实践

刘 钢 陈骏宇 著

科学出版社

北京

内 容 简 介

生态系统服务体现了自然系统对人类社会的作用功能，也反映了人类的价值取向。作为生态系统服务的重要组成部分，水生态系统服务价值管理以人类社会可持续发展为前提。本书从中国水生态系统现状着手，分析中国水生态系统服务状态演变的深刻内涵，进而比较总结国内外水生态系统服务价值研究的共性特征与个性技巧，为中国水生态系统服务管理提供重要借鉴。基于此，构建水生态系统服务价值管理理论和多尺度水生态系统服务价值测度方法体系。针对典型流域（区域）的水生态文明建设、水土资源、水权交易等水生态系统服务管理的适应性政策，分类提出制度设计内涵与管控机制，提升水生态系统服务均衡水平，促进流域（区域）的健康可持续发展。

本书可作为自然资源管理部门工作人员、科研与教学工作人员及其他相关人员的参考用书。

图书在版编目（CIP）数据

水生态系统服务价值管理理论、方法及实践 / 刘钢，陈骏宇著. —北京：科学出版社，2023.1

ISBN 978-7-03-069555-0

Ⅰ. ①水… Ⅱ. ①刘… ②陈… Ⅲ. ①水环境-生态系统-资源管理-研究 Ⅳ. ①X143

中国版本图书馆 CIP 数据核字（2021）第 158978 号

责任编辑：徐 倩 / 责任校对：贾娜娜
责任印制：张 伟 / 封面设计：有道设计

科 学 出 版 社 出版

北京东黄城根北街 16 号
邮政编码：100717
http://www.sciencep.com

北京盛通数码印刷有限公司 印刷
科学出版社发行 各地新华书店经销

*

2023 年 1 月第 一 版 开本：720 × 1000 1/16
2024 年 1 月第二次印刷 印张：11
字数：220 000

定价：116.00 元

（如有印装质量问题，我社负责调换）

序

　　中国陆地广袤，生态系统类型丰富多样。生态系统不仅为我们提供食物、水及其他生产生活原料，还提供休闲、娱乐及美学享受等服务。这些服务被联合国千年生态系统评估定义为生态系统服务，包括供给服务、调节服务、支持服务和文化服务四大类。水循环是生态系统物质循环的基础和核心。丰富复杂的水生态系统承载着各种生产生活实践。随着我国人口增长、经济发展和城市化进程的加快，水生态系统服务能力与人民美好生活需要之间的矛盾日趋激化，这给中国水资源管理带来了巨大的压力。

　　联合国教科文组织在国际水文计划第八阶段战略计划中提出"提升水生态系统恢复力和生态系统服务的生态水文学系统解决方案和生态工程"。党的十八大、十九大鲜明指出，要把资源消耗、环境损害、生态效益纳入经济社会发展评价体系，并提出建立绿色利益分享机制来将生产者和消费者联系在一起的生态产品价值实现路径。解决这个问题的首要环节是量化水生态系统服务。

　　作为一名生态学工作者，我认为量化及评估水生态系统服务在某种程度上与水资源安全评价是异曲同工的。令人兴奋的是，在这点上刘钢副教授与我不谋而合。他认为这是一个融合多学科理论并且能够促进水资源高效可持续利用的研究方向。刘钢副教授凭借其深厚的水文学、经济学理论基础与经验，从人类主观能动作用和水生态系统客观反馈作用两方面与我讨论了中国人水互动关系内涵，我们共同总结当前水生态系统服务管理面临的挑战：自然资源价值管理是公众的认知难点；资源价值的时空异质性导致其影响机理复杂；资源价值管理的制度框架有待改善。

　　作为生态学工作者，看到有人将生态学思路延长，又融入水文学、经济学思想，派生出新的理论体系，无疑是非常激动的。摆在读者面前的这本书，是刘钢副教授近年潜心研究水生态系统服务理论与实践的一个"小结"。全书以平等和朴实的心态与读者交换看法，没有说教填鸭之感，适合各种学科背景的读者阅读。根据我的理解，该书第 1 和第 2 章对中国水生态系统服务展开了深厚的现实思考与历史思辨，通过典型水生态系统服务管理的文献梳理与案例分析，总结国内外水生态系统服务价值研究的共性特征与个性技巧。第 3 章是该书的重中之重，作者将自然科学与社会科学二元视角共同聚焦于水资源管理的微观-中观-宏观系统，从有限理性生态人假设出发，分析土地利用方式和供需结构影响水生态系统服务物质量和价值量的经济学原理，建立水生态系统服务的物质流、价值流构架，提出基于水生态系统服务管理的水资源适应性管理模式，是对水资源管理的重要理论贡献。在该书的第4～6章，作者针对典型流域（区域）的水生态文明建设、土地利用政策、水权交易政策等水生态系统服务管理的适应性政策，分类提出制度设计内涵与管控机制，为解决九龙治水问题找到思路，为水资源管理的组织体制改革谋划方向，为国家推进自然资源产权制度、绿色审计提供强有力的核算工具，对促进流域（区域）的健康可持续发展有着深远的意义。

最后，我要祝贺刘钢副教授团队，感谢他们钻研和传播这一复杂知识体系的勇气与决心。相信通过一代代科研工作者的共同努力，未来我国生态环境保护和可持续发展一定能够取得长足进步。

白杨　研究员

于中国科学院西双版纳热带植物园

2022 年 2 月 19 日

前　　言

人类发展过程就是一部与生态系统互动的史诗。生态系统服务体现了自然系统对人类社会的作用功能，也反映了人类的价值取向，是社会经济系统与自然生态系统互动最为频繁复杂的领域。水生态系统服务作为生态系统服务的重要组成部分，主要指水生态系统提供的资源供给、气候调节、文化平台及生命支持等服务。水生态系统服务价值管理以人类社会可持续发展为前提，权衡水生态系统服务与人类生产、生活的复杂纽带关系，实现水生态系统服务满足人类需求的长期价值最大化。这一研究领域涉及生态学、环境学、水文学、管理学、经济学等多学科交叉范围，始终存在如何协调自然科学与社会科学的难题。首先，社会经济系统与自然生态系统互动过程存在多尺度下的多利益相关者互动过程，其复杂的影响关系增加了水生态系统服务测度的不确定性；然后，水生态系统服务具有准公共产品属性，稀缺性、外部性是其内在特征，自然生态系统与社会经济系统交互演化进程复杂导致价值的定量核算成为难题；最后，水生态系统服务价值的内涵仍存在争议。这些因素导致水生态系统服务管理研究仍处于问题导向的初级阶段，急需系统梳理基本概念内涵、明晰分析边界、统一定量依据、核算服务量价，而如何应用生态系统服务的物质及价值波动开展服务价值管理更是研究的前沿问题。本书紧紧围绕上述科学问题展开研究，立足于中国实践，结合生态学、环境学、管理学、经济学、社会学等多学科研究成果，针对典型流域（区域）水生态系统服务适应性管理，通过多学科协同创新，以准市场条件下的水生态系统服务供应链理论为基础，构建跨尺度耦合下系统分析水生态系统服务物质量、价值量、价格量的测度模型，并以典型流域（区域）为例，提出水生态系统服务价值管理的基础理论、研究方法及管理对策。全书共分为 6 章，主要研究内容如下。

第一，总结国内外水生态系统服务管理的现状、经验与启示，共 2 章。第 1 章从中国水生态系统现状着手，分析中国水生态系统服务状态演变的深刻内涵；结合中国实际情况，指出水生态系统服务管理的难点。第 2 章主要针对国外典型水生态系统服务管理的文献与案例展开分析，比较总结国内外水生态系统服务价值研究的共性特征与个性技巧，为中国水生态系统服务管理提供重要借鉴。

第二，构建水生态系统服务价值管理理论，共 1 章。第 3 章首先界定水生态系统服务价值的相关概念，分析水生态系统服务的核心要素及内涵特征；从有限理性生态人假设出发，分析土地利用方式和供需结构影响水生态系统服务物质量和价值量的经济学原理；建立水生态系统服务价值构架，并分析水生态系统服务的物质流、价值流结构。

第三，提出多尺度水生态系统服务价值测度方法体系，主要包括物质量、价值量、价格量三大指标，共1章。第4章主要构建水源涵养、水质净化、文化休闲以及水土保持服务的物质量、价值量测度模型，并基于水生态系统服务互动关系，从时空两方面展开水生态系统服务供需均衡状态的跨尺度分析；基于多阶段微分博弈模型构建水生态系统服务价值量的价格体现模型；基于上述模型，针对典型流域（区域）的水生态系统服务物质量、价值量、供需均衡、价格量开展实例研究。

第四，针对典型流域（区域）的水生态文明建设、水土资源、水权交易等水生态系统服务管理的适应性政策，分类提出制度设计内涵与管控机制，提升水生态系统服务均衡水平，促进流域（区域）的健康可持续发展，共2章。第5章和第6章主要结合时代背景对流域（区域）水生态系统服务适应性管理提出具体政策定位，分析相关政策变迁机理，制定相应的适应性管理对策。以水生态系统服务管理的关键流程控制为核心，针对社会经济系统与自然生态系统互动过程，提出满足典型流域（区域）水生态系统服务管理的适应性对策。

本书为探究水生态系统服务功能与人类社会发展的互馈机理、完善水生态系统服务价值管理提供了较好的理论与实践指导，对贯彻新发展理念、构建新发展格局具有重要的应用价值，为国家生态文明建设、黄河流域生态保护与高质量发展提供科学的决策支撑。

本书的完成离不开团队支持与成员贡献，首先要感谢我的导师王慧敏教授对本书给予的深入指导与大力支持，同时要感谢参与第1章、第2章撰写工作的汪玮茜、潘紫钰、章林娜、刘凌燕、刘丹，参与第3章撰写工作的王昊、张惕厉、陈静、纪姗姗、黄颖，参与第4章、第5章、第6章撰写工作的陈骏宇、洪俊等团队成员，尤其要感谢汪玮茜、李旭霞对本书整理工作付出的大量心血。感谢对本书的调研走访、数据采集提供大量帮助的相关业务部门同志。特别感谢科学出版社的编辑对本书的出版给予的帮助。最后，感谢亲朋好友对本书给予的帮助与宽容，感谢白杨博士夫妇，感谢父母，感谢太太和女儿，是他们给予了我坚持的力量。

限于作者水平，书中难免存在疏漏及不完善之处，恳请广大读者批评指正。

目　　录

第1章 中国水生态系统服务的现实思考与历史思辨

本章首先从中国水生态系统的现状着手，简要介绍中国水生态系统的复杂情况以及气候变化和人类活动对其的影响；其次从供应不足与退化、需求加大、突变风险加大、管理缺位四个方面分析中国水生态系统服务状态的深刻变化；再次从中国人水互动关系的内涵、演进规律、水生态文明建设等方面开展历史思辨；最后，在已有研究基础上，对研究水生态系统服务管理的战略意义进行深入思考。

1.1 中国水生态系统概况

中国湖泊、河流、水库和沼泽众多，为中国提供了一个丰富、复杂的水生态系统，承载着人类生产、生活的实践行为。但随着人类高强度活动、全球气候变化的加剧，水生态系统服务供给能力与人类生产、生活需求之间的供需矛盾日趋激化，水生态系统服务管理已经成为制约中国生态文明建设的核心瓶颈。

1.1.1 水生态系统现状与问题

中国拥有众多湖泊和水库，河流水系十分发达，水资源总量大，但人均水资源贫乏，且地区分布不均。中国水资源总量为 2.96 万亿 m^3，约占全球水资源总量的 6%，位居世界第六。多年平均降水量约 6 万亿 m^3，水资源总量占降水总量的比例为 53.3%。水利部 2013 年发布的《第一次全国水利普查公报》显示，截至 2011 年 12 月 31 日，中国共有流域面积 50km^2 及以上河流 4 万多条；常年水面面积 1km^2 及以上湖泊 2865 个，其中，淡水湖 1594 个；共有水库 9 万多座，总库容 9323.12 亿 m^3。与此同时，尽管中国水资源总量十分丰富，但分摊到十几亿人口，人均水资源量仅为 2090.1m^3，约为世界平均水平的 1/4，人均水资源量世界排名 121 位，被联合国列为全球 13 个人均水资源最贫乏的国家之一。中国水资源在空间上呈现地区分布不均的特点，83%的水资源集中在长江流域以南的省区市，给当地发展水力发电提供了得天独厚的条件；华北地区则较为干旱，水资源量仅占全国水资源总量的 17%，而人口占全国总人口的 41%，耕地面积占全国总耕地面积的 56%，并且是国家的主要煤炭产地，南北地区水土资源悬殊。

在水质方面，水利部对中国河流、湖泊和水库水质进行了整体评价。水利部发布的《2016 年中国水资源公报》显示，全国参与评价的 23.5 万 km 的河流中，Ⅰ～Ⅲ类水河长占 76.9%，劣Ⅴ类水河长占 9.8%，主要污染项目是氨氮、总磷、化学需氧量。118 个湖泊共 3.1 万 km² 的水面水质评价结果显示，全年总体水质为Ⅰ～Ⅲ类湖泊有 28 个，Ⅳ～Ⅴ类湖泊有 69 个，劣Ⅴ类湖泊有 21 个，分别占评价湖泊总数的 23.7%、58.5%和 17.8%，主要污染项目是总磷、化学需氧量和氨氮。湖泊营养状态评价结果显示，中营养湖泊占 21.4%，富营养湖泊占 78.6%。在富营养湖泊中，轻度富营养湖泊占 62.0%，中度富营养湖泊占 38.0%。全国共 943 座水库的水质评价结果显示，全年总体水质为Ⅰ～Ⅲ类水库有 825 座，Ⅳ～Ⅴ类水库有 88 座，劣Ⅴ类水库有 30 座，分别占评价水库总数的 87.5%、9.3%和 3.2%，主要污染项目是总磷、高锰酸盐指数、氨氮等。其中，大型水库为Ⅰ～Ⅲ类及劣Ⅴ类的比例分别是 87.9%和 2.5%。水库营养状况评价结果显示，中营养水库占 71.2%，富营养水库占 28.8%。在富营养水库中，轻度富营养水库占 86.3%，中度富营养水库占 12.9%，重度富营养水库占 0.8%。

1.1.2 气候变化和人类活动对水生态系统的影响

2018 年 10 月，联合国政府间气候变化专门委员会（Intergovernmental Panel on Climate Change，IPCC）在韩国仁川发布了《全球升温 1.5℃特别报告》，指出自 1850 年以来，全球温升已经达到 1℃，造成了极端天气事件增多、北极海冰减少，以及海平面上升等影响。每一点额外升温都会产生重大影响。升温 1.5℃或更高会增加长期的或不可逆转的变化的风险。与温升 2℃相比，如果将全球平均温升控制在 1.5℃以内，全球海平面上升幅度将减少 10cm，夏季北冰洋没有海冰的可能性将从十年一次降低为百年一次，珊瑚礁消失的比例从大于 99%降低至 70%～90%。从《全球升温 1.5℃特别报告》的结果可以看到，许多陆地区域的温升高于全球平均水平，发展中国家尤其是贫困地区环境脆弱程度较高，风险承受和恢复能力较低，受气候变化的影响更大。为了维护自然生态系统平衡、实现可持续发展，社会各界需要加速开展行动，将全球温升控制在 1.5℃以内，中国也应在这个行动行列之中。

另外，人类活动愈加频繁。国家统计局发布的《中国统计年鉴》显示，截至 2016 年底，中国拥有总人口 13.8 亿多，其中，城镇人口达 7.9 亿多。国内生产总值（gross domestic product，GDP）为 744127.2 亿元，第一产业增加值为 63670.7 亿元，第二产业增加值为 296236.0 亿元，第三产业增加值为 384220.5 亿元，三次产业贡献率分别为 8.6%、39.8%、51.6%。以标准煤计算，中国能源生产总量为 346000 万 t，能源消费总量达 436000 万 t。用水总量为 6040.2 亿 m³，其中，农业用水为 3768 亿 m³，工业用水为 1308 亿 m³；废水排放总量为 711.1 亿 t。

1.2　中国水生态系统服务状态的深刻变化

中国水生态系统服务状态的深刻变化主要表现在供应不足与退化、需求加大、突变风险加大、管理缺位四个方面。

1.2.1　水生态系统服务供应不足与退化

由自然因素和经济因素导致的水资源匮乏、水质降低、水生态恶化、水灾害频发等问题具体表现在水生态系统服务供应不足及退化方面，已成为当今人类社会所面临的重大挑战，也是阻碍众多国家经济发展的关键因素。

1. 水生态系统服务供应不足

2016 年，中国用水总量为 6040.2 亿 m^3，占水资源总量的 18.88%。按照国际经验，一个国家的用水总量超过其拥有的水资源总量的 20% 时，就很有可能引发水资源危机。从最近几年的水资源利用状况来看，中国目前已濒临水资源危机。水利部的公开资料显示，中国用水总量正逐步接近国务院于 2011 年中央一号文件中确定的 2020 年用水总量控制目标，未来开发空间十分有限。2021 年，全国缺水量高达 500 多亿 m^3。中国水资源短缺是现实，按照国际标准，人均水资源量低于 3000m^3/a 为轻度缺水，低于 2000m^3/a 为中度缺水，低于 1000m^3/a 为重度缺水，低于 500m^3/a 为极度缺水，中国人均水资源短缺问题十分严峻。截至 2014 年，中国有 16 个省区市属于重度缺水，6 个省区属于极度缺水；全国 600 多个城市中，有 400 多个属于缺水城市，其中又有 108 个为严重缺水城市。全国城市缺水量高达 60 亿 m^3。京津冀区域人均水资源量仅为 286m^3/a，是全国平均水平的 1/8、世界平均水平的 1/32，远低于国际公认的 500m^3/a 的"极度缺水"标准。1999 年，淮河中游也出现了历史上罕见的断流现象。总体来看，不论是水资源总量还是人均水资源量，其变化过程呈下降趋势。

2. 水生态系统服务退化

调蓄水资源能力下降。中国主要湖泊的容积减小，湿地萎缩，导致水生态系统的自然调蓄能力下降。例如，洞庭湖在近 50 年里由于围垦导致面积减小 45%，调蓄能力减弱，出湖流量增加，导致长江中下游地区洪水位不断抬升；三江平原由于农田开垦导致湿地大量消失，水生态系统调蓄洪水和涵养水源的功能急剧下降。

物质输移能力降低。库坝的建设和河道外取水量的增加使水量和动力条件发生变化，河流输移能力减弱，不仅导致营养盐和泥沙在河道内累积，库湾出现富营养化，而且对维系近海生态系统的高生产力造成了一定影响。例如，海河流域内 12 个主要入海河口都存在淤积问题，河口淤积总量达 9500 万 m^3，泄洪能力大为降低。同时，各河口相继建闸拒咸蓄淡，鱼类洄游线路被切断，流域生态系统由开放式逐渐向封闭式和内陆式转化，河口生态遭到根本性破坏，河流生物物种转向低级化。

水质净化能力逐渐减弱。河道外大量引水和水利水电工程的建设使河道内水体自净能力下降，加上入河排污量的增加，导致水体污染状况突出。2009 年《中国环境状况公报》显示，中国七大水系有机污染普遍，各流域干流只有 57%的断面满足三类水质的要求，黄河、辽河、海河为中度至重度污染。此外，中国主要湖泊富营养化问题突出。26 个国控点湖泊（水库）中有 14 个 V 类和劣 V 类湖泊（水库），占 53.8%，主要污染指标为总氮和总磷。

生物多样性降低。河流、湖泊、湿地为许多生物提供栖息地，河流、湖泊和湿地的萎缩导致提供栖息地功能下降。1990～2008 年，中国湿地总面积由 36.6 万 km^2 减小到 32.4 万 km^2，减小了 11.5%，且只有 21 万 km^2 是相对恒定的，其余多为冰川积雪和冻土融化等形成的临时湿地，许多原生和迁徙生物栖息地遭到破坏。水生态系统的退化和水环境的污染使许多生物的生境丧失、片段化和退化，从而使生物多样性降低。有关研究表明，中国各类生物物种受威胁的比例普遍在 20%～40%，特别是植物物种受威胁的比例远超出过去的估计，有 4000～5000 种高等植物受到威胁，占总种数的 15%～20%。水生态系统退化是重要的影响因素。

1.2.2　水生态系统服务需求加大

由于人口增长、经济发展和消费方式转变等因素，中国对水生态系统服务的需求呈现增长趋势，其中较为明显的是对水源涵养、资源供给等服务的需求。

1. 水源涵养服务需求加大

水资源需求变化主要体现在生产用水和生活用水两方面，即影响需求的主要因素是人口因素和经济因素。根据《2007 中国可持续发展战略报告——水：治理与创新》，到 2030 年，中国需水预测结果如表 1-1 和表 1-2 所示。

表 1-1　2030 年中国主要流域生活需水预测

流域		城镇生活		农村生活	
		定额/[L/(人·日)]	需水量/亿 m^3	定额/[L/(人·日)]	需水量/亿 m^3
流域片	松花江	195	33	155	16
	辽河	214	31	160	14

续表

流域		城镇生活		农村生活	
		定额/［L/(人·日)］	需水量/亿 m³	定额/［L/(人·日)］	需水量/亿 m³
流域片	海河	172	66	117	25
	黄河	139	38	130	27
	淮河	172	83	139	47
	长江	205	219	156	117
	东南诸河	221	50	158	17
	珠江	241	115	187	47
	西南诸河	233	9	189	10
	西北诸河	175	14	194	12
北方 6 片		173	265	139	141
南方 4 片		217	393	165	191
全国		197	658	153	332

报告指出，到 2030 年，中国城镇生活需水量将达到 658 亿 m³，较 2000 年增长 1 倍；农村生活需水量将达到 332 亿 m³。因此，2030 年中国生活需水量将接近 1000 亿 m³，较 2000 年净增 400 亿 m³。

表 1-2　2030 年中国工业与农业需水预测

流域		工业需水量		农业需水量	
		增加值定额/(m³/万元)	需水量/亿 m³	总和灌溉定额/(m³/亩)	需水量/亿 m³
流域片	松花江	39	103	383	365
	辽河	24	57	395	125
	海河	18	90	199	248
	黄河	34	89	340	327
	淮河	24	140	245	446
	长江	50	737	409	1166
	东南诸河	28	114	473	157
	珠江	35	233	461	415
	西南诸河	91	8	395	109
	西北诸河	38	22	582	594
北方 6 片		26	501	327	2105
南方 4 片		43	1092	424	1847
全国		35	1593	366	3952

从表 1-2 可以看出 2030 年中国工、农业用水的需求预测量。尽管到 2030 年中国将进入"后工业化"时期,但目前来看,工业仍然是中国国民经济的主导产业,工业需水量势必会继续增长。2030 年,工业需水量将接近 1600 亿 m³,较 2000 年净增 420 亿 m³,其中,21 世纪前 20 年增长幅度较大,净增约 370 亿 m³,约占增长总量的 90%。农业需水量在 2010 年达到高峰,需水量达到 4100 亿 m³,其后逐步下降,2030 年基本稳定在 4000 亿 m³。

尽管中国农业需水量在未来有所下降,但预计 2030 年农业需水量比例还将维持在 60% 左右,并且农业需水量增长主要集中在北方地区,特别是松花江流域。此外,中国海河、黄河、辽河流域水资源开发利用率已经达到 106%、82%、76%,远超国际公认的 40% 的水资源开发生态警戒线。结合水资源现状问题与特点可知,中国水资源供需矛盾尖锐,这将进一步加剧水资源危机。

2. 资源供给服务需求加大

资源供给服务需求加大主要体现在水电资源开发与水产品生产两方面。对于水电资源开发而言,当前和今后一个时期,是中国加快推进现代化的关键时期,经济社会发展对电力的需求保持稳定增长的态势。水电作为优质清洁的可再生能源,将在国家能源安全战略中占据更加重要的地位。建设库坝、开发水能资源符合国际能源发展的大趋势,对促进低碳经济发展具有不可替代的重要作用。2014 年 11 月,国务院发布的《能源发展战略行动计划(2014—2020 年)》指出,大力发展可再生能源,按照输出与就地消纳利用并重、集中式与分布式发展并举的原则,加快发展可再生能源。到 2020 年,非化石能源消费占一次能源消费比例达到 15%。推进水电开发,2019 年,我国非化石能源消费占一次能源消费比例达 15.3%,提前 1 年完成"十三五"规划目标任务。《水电发展"十三五"规划(2016—2020 年)》上调了装机容量目标。规划提出,"十三五"期间,全国新开工常规水电和抽水蓄能电站各 6000 万 kW 左右,新增投产水电 6000 万 kW,2020 年水电装机容量达到 3.8 亿 kW,其中,常规水电为 3.4 亿 kW,抽水蓄能为 4000 万 kW,年发电量为 1.25 万亿 kW·h,折合标准煤约 3.75 亿 t,在非化石能源消费中的比例保持在 50% 以上。预计到 2025 年,全国水电装机容量达到 4.7 亿 kW,其中,常规水电为 3.8 亿 kW,抽水蓄能为 9000 万 kW,年发电量为 1.4 万亿 kW·h。

对于水产品生产而言,当前中国渔业及渔业经济发生了巨大变化,水产品人均占有量超过世界平均水平,"吃鱼难"早已成为历史,渔业生产正持续、快速发展。2011 年,全国人均鲜活水产品消费量为 18.46kg,是 1990 年的 3.37 倍,中国对水产品的需求正持续增长。2014 年,中国水产品产量为 6450 万 t,比 2013 年增长 4.5%。其中，养殖水产品产量为 4762 万 t，增长 4.9%，捕捞水产品产量为 1688 万 t，增长 3.5%。2014 年，中国水产品进出口总量为 844.43 万 t，进出口总额为 308.84 亿美元，同比分别增长 3.87% 和 6.86%。其中，出口量为 416.33 万 t，出口额为 216.98 亿美元，同比分别增长 5.16% 和 7.08%；进口量为 428.10 万 t，进口额为 91.86 亿美元，同比分别增长 2.65% 和 6.34%。贸易顺差 125.12 亿美元，较 2013 年增加 8.9 亿美元，同比增长 7.66%。

1.2.3　水生态系统服务突变风险加大

引起水生态系统服务突变的原因是多种多样的，可以是自然原因，如降水量的增多或减少、地质变迁；可以是人为原因，其中，最重要的是重大工程建设，如上游的水库、下游的运河；可以是工业污染；可以是过度种植、养殖等。总之，只要影响了水生态系统构成中的任何一部分，水生态系统的状态就会发生改变，就有可能成为突变的导火线。

1. 水污染严重

1）河流水质

2016 年，对全国 23.5 万 km 的河流水质状况进行了评价。Ⅰ～Ⅲ类水河长占 76.9%，劣Ⅴ类水河长占 9.8%，主要污染项目是氨氮、总磷、化学需氧量。与 2015 年同比，Ⅰ～Ⅲ类水河长比例上升 3.5 个百分点，劣Ⅴ类水河长比例下降 1.7 个百分点。

2）湖泊水质

2016 年，对 118 个湖泊共 3.1 万 km^2 的水面进行了水质评价。全年总体水质为Ⅰ～Ⅲ类湖泊有 28 个，Ⅳ～Ⅴ类湖泊有 69 个，劣Ⅴ类湖泊有 21 个，分别占评价湖泊总数的 23.7%、58.5% 和 17.8%，主要污染项目是总磷、化学需氧量和氨氮。湖泊营养状态评价结果显示，中营养湖泊占 21.4%，富营养湖泊占 78.6%。在富营养湖泊中，轻度富营养湖泊占 62.0%，中度富营养湖泊占 38.0%。与 2015 年同比，Ⅰ～Ⅲ类水质湖泊个数比例下降 0.9 个百分点，富营养湖泊个数比例持平。

3）水库水质

2016 年，对全国 324 座大型水库、516 座中型水库及 103 座小型水库，共 943 座水库进行了水质评价。全年总体水质为Ⅰ～Ⅲ类水库有 825 座，Ⅳ～Ⅴ类水库有 88 座，劣Ⅴ类水库有 30 座，分别占评价水库总数的 87.5%、9.3% 和 3.2%，主要污染项目是总磷、高锰酸盐指数、氨氮等。其中，大型水库为Ⅰ～

Ⅲ类及劣Ⅴ类的比例分别是 87.9%和 2.5%。水库营养状况评价结果显示，中营养水库占 71.2%，富营养水库占 28.8%。在富营养水库中，轻度富营养水库占 86.3%，中度富营养水库占 12.9%，重度富营养水库占 0.8%。与 2015 年同比，Ⅰ～Ⅲ类水质水库个数比例上升了 4.3 个百分点，富营养水库个数比例下降 4.8 个百分点。

4）水功能区水质

2016 年，全国评价水功能区 6270 个，满足水域功能目标的水功能区为 3682 个，占评价水功能区总数的 58.7%。其中，满足水域功能目标的一级水功能区（不包括开发利用区）占 64.8%；二级水功能区占 54.5%。评价全国重要江河湖泊水功能区 4028 个，达标率为 73.4%。其中，一级水功能区（不包括开发利用区）达标率为 76.9%，二级水功能区达标率为 70.5%。

5）浅层地下水水质

2016 年，流域地下水水质监测井主要分布于松辽平原、黄淮海平原、山西及西北地区盆地和平原、江汉平原重点区域，基本涵盖了地下水开发利用程度较大、污染较严重的地区。监测对象以浅层地下水为主，易受地表或土壤水污染下渗影响，水质评价结果总体较差。2104 个测站的监测数据显示，水质优良的测站比例为 2.9%，良好的测站比例为 21.1%，无较好测站，较差的测站比例为 56.2%，极差的测站比例为 19.8%。主要污染指标除总硬度、溶解性总固体、锰、铁和氟化物可能由于水文地质化学背景值偏高外，"三氮"污染情况较重，部分地区存在一定程度的重金属和有毒有机物污染。

总体来看，全国十大水系水质中一半污染；国控重点湖泊水质中四成污染；31 个大型淡水湖泊水质中 17 个污染；全国 2104 个地下水监测点中七成水质较差和极差。随着城市化和工业化加速，水污染恶化趋势仍在继续发展，污染控制的速度赶不上污染增加的速度，污染负荷早已超过水环境容量。

2. 水灾害频发

进入 21 世纪，随着工业化和城市化的加速，在经济社会持续高速发展的同时，长期以来，中国经济社会发展所积累的诸多突出问题以其特有的方式爆发——重大突发公共水灾害事件。

1）洪涝灾害

据统计，1950～2016 年，全国因洪涝灾害累计受灾约 59920 万 hm^2（$1hm^2 = 10^4 m^2$），倒塌房屋 1.22 亿间，死亡 27.88 万人。其中，1990～2016 年中国洪涝灾害造成的经济损失如表 1-3 所示。

表 1-3　1990~2016 年中国洪涝灾害灾情统计

年份	受灾面积/万 hm²	成灾面积/万 hm²	死亡人数/人	倒塌房屋/万间	直接经济损失	
					绝对值/亿元	占 GDP 比例/%
2016	944.30	506.30	686	42.77	3643.26	0.48
2015	613.20	305.40	319	15.23	1660.75	0.26
2014	591.90	283.00	486	25.99	1573.55	0.25
2013	1177.80	654.10	775	53.36	3155.74	0.55
2012	1121.80	587.10	673	58.60	2675.32	0.52
2011	719.20	339.30	519	69.30	1301.27	0.28
2010	1786.70	872.80	3222	227.10	3745.43	0.93
2009	874.80	379.60	538	55.59	845.96	0.25
2008	886.80	453.80	633	44.70	955.44	0.30
2007	1254.90	596.90	1230	102.97	1123.30	0.42
2006	1052.20	559.20	2276	105.82	1332.62	0.63
2005	1496.70	821.70	1660	153.29	1662.20	0.90
2004	778.20	401.70	1282	93.31	713.51	0.45
2003	2036.60	1230.00	1551	245.42	1300.51	0.96
2002	1238.40	743.90	1819	146.23	838.00	0.70
2001	713.80	425.30	1605	63.49	623.03	0.57
2000	904.50	539.60	1942	112.61	711.63	0.72
1999	960.50	538.90	1896	160.50	930.23	1.13
1998	2229.20	1378.50	4150	685.03	2550.90	3.26
1997	1313.50	651.50	2799	101.06	930.11	1.25
1996	2038.80	1182.30	5840	547.70	2208.36	3.25
1995	1436.70	800.10	3852	245.58	1653.30	2.83
1994	1885.90	1149.00	5340	349.37	1796.60	3.84
1993	1638.70	861.00	3499	148.91	641.74	1.85
1992	942.30	446.40	3012	98.95	412.77	1.55
1991	2459.60	1461.40	5113	497.90	779.08	3.61
1990	1180.40	560.50	3589	96.60	239.00	1.29

资料来源:《中国水旱灾害公报 2016》

由表 1-3 可知，中国洪涝灾害形成的年均直接经济损失为 1481.6 亿元，洪涝灾害直接经济损失约占同期 GDP 的 1.2%，远高于发达国家的水平（日本仅 0.22%，美国仅 0.03%）。

2）干旱灾害

从地理学角度看，中国有 45% 的国土属于干旱或半干旱地区，加上人类活动对植被、土层结构的破坏使大量天然降水无效流失，导致水资源持续减少，加大了中国干旱灾害的发生概率。中国干旱灾害频发，几乎每年都会遭遇范围各异、程度不同的干旱灾害，仅 21 世纪前 12 年中就发生了多次严重干旱灾害，例如，2000 年和 2001 年是特旱年；2002 年、2003 年、2006 年、2007 年、2009 年是严重旱年；2010 年西南地区大旱，但从全国范围来看属于中度干旱年；2011 年西南地区旱情持续，长江中下游地区和太湖河网地区旱情严重。1990~2016 年，中国干旱灾害造成的经济损失如表 1-4 所示。1990~2016 年，中国干旱灾害形成的年均直接经济损失为 922.71 亿元，干旱灾害直接经济损失约占同期 GDP 的 0.2%。

表 1-4　1990~2016 年中国干旱灾害灾情统计

年份	受灾面积/万 hm²	成灾面积/万 hm²	粮食损失/亿 kg	饮水困难/(人/万人)	直接经济损失	
					绝对值/亿元	占 GDP 比例/%
2016	987.30	613.10	190.64	469.25	484.15	0.07
2015	1006.70	557.70	144.41	836.43	579.22	0.08
2014	1227.20	567.70	200.65	1783.42	909.76	0.14
2013	1122.00	697.10	206.36	2240.54	1274.51	0.21
2012	933.30	350.90	116.12	1637.08	533.00	0.10
2011	1630.40	659.90	232.07	2895.45	1028.00	0.21
2010	1325.90	898.60	168.48	3334.52	1509.18	0.37
2009	2925.90	1319.70	348.49	1750.60	1206.59	0.35
2008	1213.70	679.80	160.55	1145.70	545.70	0.17
2007	2938.60	1617.00	373.60	2756.00	1093.70	0.40
2006	2073.80	1341.10	416.50	3578.23	986.00	0.45
2005	1602.80	847.90	193.00	2313.00	—	—
2004	1725.50	795.10	231.00	2340.00	—	—
2003	2485.20	1447.00	308.00	2441.00	—	—
2002	2220.70	1324.70	313.00	1918.00	—	—
2001	3848.00	2370.20	548.00	3300.00	—	—

年份	受灾面积/万 hm²	成灾面积/万 hm²	粮食损失/亿 kg	饮水困难/(人/万人)	直接经济损失	
					绝对值/亿元	占 GDP 比例/%
2000	4054.10	2678.30	599.60	2770.00	—	—
1999	3015.30	1661.40	333.00	1920.00	—	—
1998	1423.70	506.80	127.00	1050.00	—	—
1997	3351.40	2001.00	476.00	1680.00	—	—
1996	2015.10	624.70	98.00	1227.00	—	—
1995	2345.50	1037.40	230.00	1800.00	—	—
1994	3028.20	1704.90	233.60	5026.00	—	—
1993	2109.80	865.90	111.80	3501.00	—	—
1992	3298.00	1704.90	209.72	7294.00	—	—
1991	2491.40	1055.90	118.00	4359.00	—	—
1990	1817.50	780.50	128.17	—	—	—

资料来源：《中国水旱灾害公报 2016》，其中"—"表示没有统计数据

1.2.4　水生态系统服务管理缺位

20 多年来，中国在解决水生态系统服务管理问题上经历了"开源为主、提倡节水""开源与节流并重""开源、节流与治污并重"等数次战略调整，但总的来看，在实施中仍然是重"开源"、轻"节流"，重"工程"、轻"管理"。水生态系统服务管理一直以来求助于工程和技术手段，尽管这些手段在一定时期内起到了重要的作用，但也带来一定的后果：①水生态系统服务管理多采用行政指令模式，造成"政府失灵""市场失灵"；②水生态系统服务管理中权力分散化现象严重，造成"条块分割""多龙管水"，最终带来水生态系统服务管理的低效；③水生态系统服务管理的复杂性加剧，管理目标越来越呈现多样化，经典水资源配置理论和方法的局限性日益显著，导致配置的"技术失灵"。经典水资源配置理论和方法是指以基础系统科学和运筹学（多目标分析方法）为主要分析工具，通过方法、模型和技术对水生态系统管理进行优化的理论和方法，重点为水资源优化配置的系统建模。此外，人们对于水生态系统服务价值的重要性认知不够充分，仍处于水资源层面，忽略了水生态系统的供给、支持、调节、文化等服务价值。水生态系统服务管理缺位问题令完善水生态系统服务管理迫在眉睫。

1.3 中国人水关系演进及水生态文明历史思辨

水孕育了人类的文明,人水关系随着人类历史发展不断演进。本节主要从人水互动关系内涵、人水关系演进规律和水生态文明建设新视角三个层面开展中国人水关系演进的历史思辨。

1.3.1 中国人水互动关系内涵

只有了解人水互动关系的内涵,才能认清人水关系发展变化中的因果关系,进而协调人水关系。人水互动关系内涵主要包括人类主观能动作用、水生态系统客观反馈作用两方面。本节从水生态系统服务视角分析人水互动关系,参照联合国"千年生态系统评估报告集",将水生态系统服务划分为供给服务、调节服务、文化服务及支持服务。

1. 人类主观能动作用

人类主观能动作用指的是人类通过各种活动对水生态系统产生的影响。当今社会,人类的足迹几乎无处不在,在满足基本的生存需求后,人类开始追求衣食住行等物质资料的丰富,人类活动形式变得多样化。各种人类活动都在与水生态系统发生作用,但作用方式、作用规模、作用程度等有所不同,受人口条件、经济技术、文化意识、制度管理等因素的共同影响。

人类主观能动作用主要体现于人类对水生态系统的产品生产功能的利用上。产品生产功能是指水生态系统提供直接产品或服务维持人的生活、生产活动,具有直接使用价值的功能,主要包括水生态系统的供给服务与文化服务。

1)供给服务的利用

水生态系统为人类提供了水资源及水产品以维持人的生活、生产活动,为人类带来直接利益,具体表现在以下方面:①生活方面,水是人体的七大营养要素之一,也是人体新陈代谢的基础,人类用水维持日常生活及其相关活动;②农业方面,水为农、林、牧、副、渔等各部门提供生产用水;③工业方面,在加工、制造、空调、冷却、净化、洗涤等工业生产过程中都有水的参与;④资源能源开发方面,水力发电、水上运输、抽排地下水、洗涤冷却等都要直接与水作用;⑤工程设施方面,跨流域调水、水库大坝、地下水开采、供水等水利工程设施的修建改变着水的流速、深度、时空分布和水环境状况。

2)文化服务的利用

人类通过精神满足、认知发展、思考、消遣和美学体验从水生态系统的文化服务功能中获得非物质收益，具体表现在以下方面：①知识系统，水生态系统可以对由不同文化背景发展而来的知识类型产生影响；②精神与宗教价值，许多宗教是把精神与宗教价值寄托于水生态系统上的；③灵感，水生态系统可以为艺术、民间传说、民族象征、建筑和广告提供丰富的灵感源泉；④美学价值，人们可以从水生态系统的多个方面发现美的东西或美学价值；⑤文化遗产价值，许多社会对维护历史上的重要景观或者具有显著文化价值的物种赋予了很高的价值；⑥消遣和生态旅游，人天性亲水、爱水，水是构景要素之一，本身就是重要的旅游资源。

总之，人类主观能动作用涉及人类活动的各个方面，体现在人类对自然水体的改造、利用和对水资源的配置等诸多过程中。人类在与水生态系统的作用中充分攫取着水生态系统的资源功能，改变着水生态系统的基础属性。

2. 水生态系统客观反馈作用

水生态系统是一个永不停息的动态系统。水在不断更新恢复，并活跃地将地球各个圈层和各种水体有机联系起来，进行能量交换和物质转移，影响地球表层结构的形成和演变，为生物创造基本的生存条件。人作为一种智慧生物出现并进化，不可避免地成为水生态系统的作用对象。

水生态系统客观反馈作用体现于人类对水生态系统的生命支持系统功能的利用上。生命支持系统是指水生态系统维持自然生态过程与区域生态环境条件，具有间接使用价值的功能，主要包括水生态系统的调节服务功能与支持服务功能。

1）提供调节服务

人类从水生态系统的调节作用中获取各种收益，具体表现在以下方面：①增温增湿，水生态系统对气候具有调节作用，大气中的水汽能阻挡 60%的地球辐射量，保护地球不致冷却，此外，水体在夏季吸收和积累热量，在冬季缓慢地释放热量，从而调节气温；②水质净化，水提供或维持了良好的污染物质物理化学代谢环境，提高了区域环境的净化能力，水体生物从周围环境吸收的化学物质主要是它所需要的营养物质，但也包括它不需要的或有害的化学物质，从而形成了污染物的迁移、转化、分散、富集过程，污染物的形态、化学组成和性质随之发生一系列变化，最终起到净化作用；③水土保持，水生态系统的调节作用有利于防治水土流失，保护、改良和合理利用水土资源，维护和提高土地生产力，有利于充分发挥经济效益和社会效益，建立良好的生态环境；④固碳释氧，水生态系统中的水生植物通过光合作用将二氧化碳转换为氧气，同时将二氧化碳中的碳固定到植物体内。

2）提供支持服务

水生态系统为维持自然生态过程与区域生态环境条件奠定基础。支持服务是为生产其他水生态系统服务所必需的服务，其对人类的影响要么通过间接的方式，要么发生在一段很长的时间，具体分为以下方面：①水循环，水在水循环这个庞大的系统中不断运动、转化，使水资源不断更新，维护全球水的动态平衡，水循环进行能量交换和物质转移，通过外力作用不断塑造地表形态；②水源涵养，水生态系统的水源涵养作用有助于控制土壤沙化、降低水土流失；③生物多样性，水生态系统为实现生物多样性提供支持，从而维持生态系统的稳定性，为人类生存和发展提供保障。

水生态系统的支持服务和调节服务是其基础属性功能，无论人类是否出现，或者人类对其改造与否，这都是大自然赐予人类的宝贵财富。同时，水资源的时空分布不均、数量有限、恢复更新能力有限，以及水生态、水环境的自我修复承载能力有限等基本属性也都是客观存在的事实，制约着水生态系统功能的发挥，这也是大自然给人类提出的考验。

总之，水生态系统客观反馈作用并不以人类利益偏好为导向，属于自然系统的自发演化过程。如何更好地面对水生态系统客观反馈作用是人类生存发展必须面对的哲学问题，也是人类文明进化和人水关系演进的基础驱动力。

1.3.2　中国人水关系演进规律

人水互动关系演进历程就是人类生产力发展的进程，同时是人类文明的发展历程。进入生态文明阶段，人类社会进步与否依然在一定程度上取决于人水关系是否和谐可持续发展。人类发挥积极的能动作用，水生态系统相应地给予优质的服务功能，推动社会、经济、生活的进步，例如，通过水利工程建设对水资源进行优化调度，开发湿地增加入渗补给，再生水利用等。反之，人类在片面追求经济快速发展的过程中偏离了人水和谐理念，导致一些水资源老问题和原有粗放型水利发展模式引发的一些新矛盾不断暴露出来，突出表现即洪水灾害、水资源短缺、水生态环境恶化等。解决人水矛盾、实现人水和谐的关键在于正确处理人水关系。一方面，我们要正确认识人类社会发展对水生态系统的需求，停止发展、一味倒退无法解决今天中国以及世界的人水关系复杂化问题；另一方面，我们要正确认识水生态系统的自然规律，强调协调，避免竞争，求同存异，谋求人类社会发展与自然生态系统的最大利益公约数。

1.3.3　中国水生态文明建设新视角

在漫漫历史长河中，亚洲的黄河和长江流域、印度河和恒河流域、幼发拉底河和底格里斯河流域以及东南亚等地区孕育了众多古老的农耕文明。农耕文明的人水关系集中体现在灌溉、防洪以及宗教文化方面，以被动适应水生态系统演化为主要特点，同时，文明古国灭亡的过程也集中体现了资源稀缺、灾害频发等人水关系失衡特征。

伴随着人水关系从失衡态到平衡态的螺旋演进过程，人类生产力逐步提升，人类文明从农耕文明发展到了后工业文明。当今世界的人类主流文明集中体现在以纽约、芝加哥、东京、伦敦、巴黎、上海为中心的六大城市群，后工业文明的人水关系集中体现在交通、防洪、文化、灌溉、调节等方面，以人为改造水生态系统为主要特点。一方面，六大城市群体现着鲜明的河湖水网布局；另一方面，六大城市群体现着显著的人本主义设计。

可见，人水关系的状态决定着人类文明的兴衰。习近平总书记指出，"中华文化崇尚和谐，中国'和'文化源远流长，蕴涵着天人合一的宇宙观、协和万邦的国际观、和而不同的社会观、人心和善的道德观"①。因此，有必要汲取历史经验，挖掘哲学智慧，重新审视天人合一观念。

1. 天人合一的演变历程

历史背景在改变，我们对于传统文化的解读也应该产生相应的变化。在人类历史发展进程中，人与自然的关系经历了三个阶段。在各个时期，经济社会发展程度不同，人们对自然的认识不同，在处理与自然的关系时也采取了不同的态度。这也意味着，对于"合"，不同时期的人们有不同层面的理解。

1）天地人和时期

人们对于自然力保持一种盲目的顺从、屈服、虔诚的态度。此时的天人合一是人们心目中的一种无意识的、自然的祈愿。这一阶段从原始社会、奴隶社会到封建社会末期。此时的天人关系的"合"不是人与自然的和谐统一，而是人对自然的顺应与屈从，是一种存在排序的和平状态，天意难违、天心难测是这一阶段的核心特征。人类受技术、知识等限制，无法客观处理天人关系，从而形成了朴素的万物有灵的观点，以宗教的方式处理天人关系。在人与天的关系中，人类扮演被动接受的角色。

2）人定胜天时期

随着社会文明的进步，人们认识到天与人是异质的，并且相互作用、彼此影响，以及人是可以有所作为的。人与自然的关系处于征服与控制阶段，这一阶段从工业革命结束后开始至今。伴随着科学技术的进步和大机器的发展，人类对自然的影响日益频繁。人定胜天、知识就是力量等思潮让人们开始认为人是自然的

---

① 新华网. 在中国国际友好大会暨中国人民对外友好协会成立 60 周年纪念活动上的讲话. http://www.xinhuanet.com/politics/2014-05/15/c_1110712488.htm.

主宰，也将人与自然推到了对立关系。其间，人类将人的主观能动性发挥到了极致，抛弃了对天的敬畏。此时的天人关系的"合"是人类主观意愿上的"合"，人与天的关系中人类扮演主动改造的角色。

3）天人合一时期

天人关系发展过程中最高级的状态是人与自然和谐基础上的天人合一。随着经济社会的发展，在掠夺式开发难以为继时，人与自然的关系进入了新的阶段——协调发展阶段，也就是现在中国所提的生态文明建设阶段。当人类开始重新审视人与自然的关系，重拾对自然的敬畏之心时，天人关系的"合"又达到了新的境界，这是哲学意义上的一种否定之否定、螺旋式上升的过程。人与自然的关系在经历了相依存、相分离之后，又走到了一起，重新认识到人是自然的一部分，人类不能凌驾于自然之上，人类的行为方式必须符合自然规律，人与自然是相互依存、相互联系的整体。人与自然的大系统是复杂、不确定的，在这样一个系统中，人类无论持有主动还是被动的态度，都不能推动系统更好地发展。在人与自然的关系中，只有提倡自适应的策略，才能实现和谐的天人合一。

2. 新天人合一的现实意义

德国联邦教研部与联邦经济技术部在 2013 年汉诺威工业博览会上提出的"工业 4.0"概念即以智能制造为主导的第四次工业革命。李克强总理在《中德合作行动纲要：共塑创新》中提到的"工业 4.0"合作也备受关注[①]。中国在工业化之路上一直落后于欧美国家和地区，环境、资源问题日益严重，故急需发挥后发优势，找到符合中国未来可持续发展之路。

中央政府提出的生态文明建设是关系人民福祉、关乎民族未来的大计，是实现中华民族伟大复兴中国梦的重要内容。2013 年 9 月 7 日，习近平总书记在哈萨克斯坦纳扎尔巴耶夫大学发表演讲并回答学生提问时，谈到环境保护问题，他指出："我们既要绿水青山，也要金山银山。宁要绿水青山，不要金山银山，而且绿水青山就是金山银山。"[②]这生动形象地表达了我们党和政府大力推进生态文明建设的鲜明态度和坚定决心。

人类经历了原始文明、农业文明、工业文明，生态文明是工业文明发展到一定阶段的产物，是实现人与自然和谐发展的新要求。自然界是人类社会产生、存在、发展的基础和前提，对自然界不能只讲索取不讲投入、只讲利用不讲建设。

---

① 中国政府网. 李克强在"中德论坛—共塑创新"上的演讲. http://www.gov.cn/xinwen/2017-06/02/content_5199080.htm.

② 中国政府网. 习近平在哈萨克斯坦纳扎尔巴耶夫大学发表重要演讲. http://www.gov.cn/guowuyuan/2013-09/07/content_2584772.htm.

人与自然是相互依存、相互联系的整体，保护自然环境就是保护人类，建设生态文明就是造福人类。

在中央政府加大推进生态文明建设的进程中，"天人合一"之说也越来越受重视，这是以现实关怀为主导的文化热潮。2017 年 4 月，习近平总书记在考察南宁市那考河生态综合整治项目时指出，"生态文明建设是党的十八大明确提出的'五位一体'建设的重要一项，不仅秉承了天人合一、顺应自然的中华优秀传统文化理念，也是国家现代化建设的需要"①。2018 年 5 月 18～19 日，全国生态环境保护大会在北京召开，习近平总书记出席会议并发表重要讲话。从中国历史发展来看，原始社会到封建社会，中国的人类社会与自然系统的矛盾并不突出，古人在提及天人合一时，并不特别关注人与自然的关系，而是追求一种形而上的天人观。到了近现代，人与自然的矛盾日益凸显，无论是人定胜天的论调，还是人类无节制地掠夺自然资源的行为，都将人类社会和自然系统慢慢地推向了对立面，人与自然的矛盾随着历史的进程愈演愈烈。

3. 新天人合一的时代内涵

在经历原始文明、农业文明、工业文明后，到达生态文明，以达到最终的人与自然和谐——新天人合一。新天人合一理念是一种动态的思想，人类社会与自然系统的关系始终保持动态平衡（图 1-1），其表达的是一种和而不同的理念。

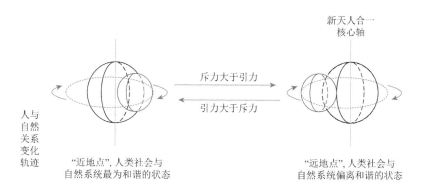

图 1-1　人与自然和而不同的系统耦合关系

人与自然的关系可以抽象为引力与斥力。斥力代表人类活动对自然的破坏力，引力代表人类活动对自然的保护力。小球代表人类社会，大球代表自然系统，竖线代表新天人合一核心轴，椭圆虚线代表人类社会与自然系统的关系。人类社会

---

① 央广网. 习近平: 付出生态代价的发展没有意义. http://cn.chinadaily.com.cn/a/202012/30/WS5fec63c1a3101e7ce-9738636. html?ivk_sa=1023197a.

与自然系统绕核心轴，沿人与自然关系变化的椭圆形轨迹运动。"近地点"是人类社会与自然系统重叠最多，关系最为密切、最为和谐的状态。"远地点"是人类社会与自然系统重叠最少、偏离和谐的状态。伴随引力和斥力的相互作用，人与自然的关系在"近地点""远地点"间往复运动。人与自然组成的大系统始终处于这两种力的相互作用下，人与自然的关系也始终处在"渐行渐远""渐行渐近"这两种状态的循环往复中。因此，人类社会与自然系统的关系在时间轴上保持一种小范围的波动，以达到动态平衡。

水是生命之源、生产之要、生态之基。十八届三中全会以来，中央提出了生态文明建设任务，习近平总书记更进一步指出发展要"望得见山、看得见水、记得住乡愁"①。针对总书记提出的新要求，以实现人与自然和谐发展为目标，水生态文明建设需倡导新天人合一理念，即在尊重自然规律、历史规律的基础上，通过人类的自适应策略主动调整人水关系、人人关系，以人的主动适应实现人水关系达到天人合一的动态平衡状态，推进新文化建设，构建新发展格局，最终实现人水良性互动以及人的全面进步，表达了"和而不同、聚同化异、参赞化育"的理念。

1.4　水生态系统服务管理的时代背景、挑战与机遇

水生态系统以丰富的水资源哺育人类、灌溉农田、净化环境，以广阔的水域维持生物多样性、调节气候，以蕴藏的巨大水能为流域经济持续发展提供强大的动力。自20世纪70年代提出生态系统服务的概念以来，这方面的研究就引起了生态学界的重视，而对水生态系统服务功能及其价值的管理从20世纪90年代逐渐开展。人类逐渐对水生态系统服务管理在国民经济建设和生态环境健康维系方面面临的挑战和机遇有了清晰的认识。

1.4.1　水生态系统服务管理的时代背景

半个世纪以来，为了满足快速增长的食物、淡水、木材、纤维和燃料需求，人类对生态系统改变的规模和速度超过了历史上任何一个时期，极大地促进了人类福祉的提高和社会的发展。但是，人类获取以上收益的成本日益上升。2007年，联合国发布的"千年生态系统评估报告集"之《生态系统与人类福祉》指出，

---

① 光明网. 望得见山、看得见水、记得住乡愁——2013年中国生态文明建设述要. https://epaper.gmw.cn/gmrb/html/2013-12/23/nw.D110000gmrb_20131223_2-12.htm.

许多生态系统服务功能退化的状态可能显著恶化，尤其是传统水资源的供需矛盾问题已经成为当今世界许多国家的共性问题，并制约着经济社会的可持续发展。经历了 20 世纪初以生态环境为代价的黑色发展期，发达国家重新意识到人与自然关系的重要性[1]。通过几十年的努力，依靠完善法制、健全规制、明晰产权、系统修复、公众参与等手段，多管齐下，美国中西部的气象灾害、欧洲的莱茵河污染、日本的琵琶湖重度富营养化等问题得以解决，逐步恢复了人与自然的友好关系。然而，随着全球气候变化问题日益加剧，各国又开始了新一轮的生态竞争，生态环境保护已成为国际竞争博弈的新焦点。

2014 年，IPCC 第五次评估报告指出，气候变化将严重影响经济增长、食品安全、公共健康等，并加剧全球水危机、贫困和饥饿等问题。同时，科学家表示，未来将难以对气候变化对某一特定地区的影响进行预测[2]。2018 年 10 月，IPCC 发布的《全球升温 1.5℃特别报告》指出，全球温升造成了极端天气事件增多、北极海冰减少，以及海平面上升等影响，每一点额外的升温都会产生重大的影响。升温1.5℃或更高会增加长期的或不可逆转的变化的风险。将全球温升限制在 1.5℃以内对人类和自然生态系统有明显的益处，有助于促进人类社会实现公平的可持续发展[3]。许多陆地区域的温升高于全球平均水平，发展中国家尤其是贫困地区环境脆弱程度较高，风险承受和恢复能力较低，受气候变化的影响更大。为了维护自然生态系统平衡、实现可持续发展，社会各界更需要加速开展行动。2018 年，气候变化经济学奠基人威廉·诺德豪斯（William D. Nordhaus）获得诺贝尔经济学奖，拓展了经济学的研究边界。诺德豪斯意识到，人类活动已在某种程度上极大地影响了环境，不可再将其视为外在不变因素[4]。就这样，环境开始进入经济学。

伴随着经济的加速发展，发展中国家的环境受损已成为不争的事实。多山少地的自然环境迫使中国发展精耕细作的小农经济，并采取节省资源和消耗人力的分工模式；多雨的平原使欧美国家和地区发展广种薄收的农牧混合经济，尤其在中世纪的黑死病导致人口大减之后，发展了节省人力和消耗资源的规模经济。面对全球日益严峻的生态环境状态以及发达国家的生态竞争与经济制裁，传统"先发展，后治理"模式已不再适用于提高大国竞争力。中国作为人口众多、资源相对短缺的发展中国家，迫切需要解放思想，探索适合中国国情和水情的人水、人人关系及其演进规律。随着"大气十条""水十条""土十条"的陆续出台，"史上最严"的《中华人民共和国环境保护法》开始实施，监督力度不断加大，环境质量总体改善。

1.4.2　水生态系统服务管理的挑战与机遇

21 世纪以来，洪水、干旱、水污染等水问题异常突出，特别是近几年中国极端水灾害事件频繁发生，对人类的生存和社会经济的发展构成了严重威胁，已成为当今国际社会和科学界普遍关注的全球性问题。同时，气候变化问题将进一步加剧水资源时空分布与其他资源配置不协调，与人口、耕地、经济布局不匹配；加剧水资源供需矛盾、水资源严重浪费、水环境污染等。因此，在水资源稀缺性日益突出的当今社会，中国面临着严峻挑战。

1. 资源价值管理是公众的认知难点

对于在很多情况下作为准公共产品在市场上交易的资源来说，相关的经济干预手段已经存在，然而，水及其生态系统的服务价值往往被低估。在人类对自然长期的利用和改造过程中，人类过分注重水资源的直接使用价值，忽略了其支持功能和服务功能价值，其定价也相应较低，导致水生态系统在服务价值方面的低效管理。即使在加强水生态系统保护的前提下，人们尚未完全意识到公众参与生态服务定价的重要性。事实上，经济评估是为保护和开发者提供判断与决策支持的重要工具，应当利用国家政策来支持相关利益群体的参与。

2. 资源价值具有时空异质特征，影响关系复杂

水生态系统服务功能价值评价是将水资源纳入国民经济核算体系的前提，是进行水利建设和开发等宏观决策的基础[5]，因此，必须客观、完整地衡量水生态系统服务功能的价值。水资源在区域、时期维度上分布极不均匀，加上社会经济发展的空间分布不均衡性和时间差异性，水生态系统服务功能也具有显著的时空特征[6]。同时，水资源作为一种准公共产品，衡量其价值的主要影响因素包括供求、工程、经济、交易期限、自然资源禀赋（生态与环境）、政策体制以及社会人文等因素。

3. 资源价值管理的制度框架有待改革

水资源变化的不确定性与水资源计划控制管理的矛盾愈演愈烈，传统的基于确定性水资源短缺的调度、控制已难以适应环境变化，表现在水资源管理体制不能适应变化的社会条件，政策调整缓慢，制度建设滞后，治理能力低下，既不能优化配置稀缺水资源，缓解尖锐的水资源供需矛盾，也不能协调上下游之间、地区之间和部门之间的矛盾。加之评估中发现的一些问题只是近期才关注的，在设计管理制度之初并没有专门考虑，因此，对现行制度进行改革或者制定新的管理制度就显得很有必要。

水生态系统服务管理是促进经济发展方式转变的重要举措，是经济、社会、环境协调发展的需要，是可持续发展的基础。对于协调管理水生态系统服务价值，机遇同样存在：①人们已将"总经济价值"的概念作为最广泛地量化生态系统服

务价值的框架之一。对水生态系统服务的价值进行评估除直接利用市场价格外还有很多评价方法[7]，并且这些评价方法被越来越多地用来评估水生态系统服务的价值。同时，当前已有一些相对简便、成本低廉且易于实施的技术可以帮助人们更高效、准确地描述水生态系统服务的价值。②保持水生态系统生态特征的一条关键途径是保持其所依赖的水资源的量与质。目前有许多方法和手段可以评估环境流，也有许多为满足这些需求而对水资源进行合理配置的方法和手段。在对水资源进行配置时，很多区域和流域已经逐步重点考虑各种得失利益关系，同时实现在灌溉用水和饮用水的供应等方面的目标，从而使水生态系统服务得到系统的维护。③新时期要深刻理解水生态文明的建设理念，深入贯彻落实习近平总书记关于"节水优先、空间均衡、系统治理、两手发力"①的治水新思路。构筑美丽中国、治理生态环境、保障生态安全，正是切实履行对国际社会绿色发展的政治承诺和自觉担当，体现了中国对人类长远发展的高度负责。党的十九大提出围绕"要推进绿色发展，着力解决突出环境问题，加大生态系统保护力度，改革生态环境监管体制"开展的生态文明建设，为中国水生态文明建设提供了新方向、新思路、新目标。中国水生态系统管理面临新的挑战与机遇，改革势在必行。

1.5　新时代研究水生态系统服务管理的战略意义

伴随着全球气候变化与人类高强度活动的叠加影响，水生态系统服务所面临的时空错配、认知障碍、制度缺失等问题导致人水冲突、人人冲突日益严峻，进一步加剧了人民日益增长的美好生活需要和不平衡不充分的发展之间的矛盾，已成为制约我国可持续发展的瓶颈。在这样的大背景下，面对我国开展生态文明建设、完成"两个一百年"奋斗目标的战略需求，水资源管理问题已经成为一个涉及多主体、多要素、多情境的复杂自适应系统。要解决这样的复杂自适应系统，解放思想，实事求是，辨识人水互动的科学本质，考虑异质性发展状态，梳理水生态系统服务与人类福祉的供需结构，从而实现水资源适应性管理，具有重要的理论建设与指导实践意义。

在理论层面，将水文学、生态学、环境学、管理学、经济学、法学、信息学等多学科交叉融合，将自然科学与社会科学二元视角共同聚焦于水资源管理的微观-中观-宏观系统，提出基于水生态系统服务管理的水资源适应性管理模式，考虑异质性发展状态，梳理水生态系统服务与人类福祉的供需结构，这是对水资源管理理论的重要贡献。

---

① 中国共产党新闻网. 习近平关于社会主义生态文明建设论述摘编. http://theory.people.com.cn/n1/2018/0226/c417224-29834556.html.

　　在实践层面，梳理水生态系统服务与人类福祉的供需结构，厘清人水互动的科学本质，为九龙治水问题找到解决思路，为水资源管理的组织体制改革提供战略定位。明晰水生态系统服务的价值结构，为国家推进自然资源产权制度、绿色审计提供强有力的核算工具。同时，水生态系统服务管理是一项服务于生态文明建设、土地资源管理、水资源管理等制度的内生机制，能够有效提升相关制度设计效度，从而加速实现我国"两个一百年"奋斗目标，推动社会健康可持续发展。

第 2 章 国内外水生态系统服务管理借鉴与启示

在思辨中国水生态系统服务利用情况的基础上，本章主要梳理国内外水生态系统服务管理的理论研究与实践经验，从理论研究中凝练水生态系统服务价值测度的分析思路，从实践中获取指导水生态系统服务适应性管理的经验启示。

2.1 国内外水生态系统服务相关理论研究进展

2.1.1 准公共产品理论

"公共产品"一词最早由瑞典 Lindahl[8]于 1919 年正式提出。新古典综合学派代表人物 Samuelson[9]在 *The Pure Theory of Public Expenditure* 中将公共产品定义为每一个人对这种产品的消费并不减少他人对这种产品的消费。这一描述成为经济学关于纯公共产品的经典定义。常见的公共产品可细分为两类：①具有完全非竞争性和非排他性的纯公共产品，如国防、公共安全、消防等；②具有竞争性和排他性的准公共产品。在现实生活中，真正的纯公共产品比较少，相反，许多公共产品只具有竞争性和排他性中的一个或在不同程度上具有这些特性，学术界一般将这类公共产品形成的集合称为准公共产品。

准公共产品的研究晚于纯公共产品。对于准公共产品的分类和定义，不同学者有不同的看法。布朗和杰克逊[10]以排他性和竞争性为基本依据，从产品识别步骤的角度对准公共产品进行区分，将其分为俱乐部产品和共有资源两类；曼昆[11]从竞争性与排他性两个维度进行分类，将非竞争性与排他性的组合称为自然垄断产品，将竞争性和非排他性的组合称为共有资源；植草益和朱绍文[12]按照竞争性与排他性的强度进行分类，将准公共产品分为具有排他性但竞争性弱的准公共产品 I 和具有竞争性但排他性弱的准公共产品 II，前者包括医疗、教育、保险、俱乐部产品以及水、电、气等自然垄断产品，后者包括森林、草原、公海等公共资源以及孤儿院、养老院、扶贫、垃圾处理等社会福利服务；Ostrom[13]将产品的公用性分为高度可分的分别使用和不可分的共同使用，同时把排他性分为可排他性和非排他性，将所有产品划分为私人产品、公共资源、收费产品和公共产品四大类，其中，准公共产品包括公共资源和收费产品；Weimer 和 Vining[14]认为准公共产品包括具有消费外部性的私人产品、收费产品、免费产品、拥挤的共同财产资源和具有消费外部性的周边公共产品；郑秉文[15]将准公共产品分为与规模经济相联系的自然垄断型公共产品与基本福利产品；高鹤文[16]将准公共产品界定为自然垄断型准公共产品和优效型准公共产品。

在这些对准公共产品的定义中，其基本分类原则不外乎排他性与竞争性原则或其变形及具体化，因此，准公共产品与私人产品、纯公共产品的区别必须在这两点上进行比较。排他性是指可以阻止个人使用一种产品时该产品的特性。与之相对的是非排他性，即不可能有效地将某个人或某些人排除在该产品的受益之外，这与技术或经济上的瓶颈有关。竞争性是指个人使用一种产品减少其他人使用该产品的特性，即消费的增加引起边际成本的增加。与之相对的是非竞争性，在非竞争性的条件下，一个人对该产品的消费不会引起他人对该产品的消费减少，也不会引起边际成本的增加。从这两个分类原则出发，本书定义准公共产品是介于私人产品和纯公共产品之间，同时具有私人产品和纯公共产品部分特征的一种公共产品状态，包括具有竞争性与非排他性的共有资源、具有非竞争性与排他性的市场资源，如表 2-1 所示。

表 2-1　社会产品划分

	排他性	非排他性
竞争性	私人产品 ①排他成本较低； ②主要由私人企业生产； ③通过市场分配； ④从销售收入中获得所需资金	准公共产品 ①产品是集体消费的，但会变得拥挤； ②由私人企业生产，或直接由公共部门提供； ③由市场分配，或直接由预算分配； ④从销售收入中获得所需经费，如征收服务费，或者从税收中拨款
非竞争性	准公共产品 ①具有外部性的私人产品； ②主要由私人企业生产； ③通过补贴和征税，主要由私人市场分配； ④通过销售收入获得所需经费	纯公共产品 ①很高的排他成本； ②直接由政府生产，或由私人企业根据政府合同生产； ③通过预算分配； ④从强制性税收中拨款

根据国内外学者的研究，准公共产品的特征可以总结如下[17-24]。

（1）准公共产品供给具有正负外部性。

准公共产品具有较强的外部性，主要体现在它不仅直接影响公众的社会福利水平，还会对社会生产、生活的许多环节造成影响。由于准公共产品供给存在外部性，任何参与管理的利益主体都无法控制准公共产品收益的全部流向，意味着参与个体的预期收益无法公平准确地对应个体投入，必须与所有参与准公共产品管理的利益主体沟通互动，从集团的角度衡量准公共产品供给与消费效用，将准公共产品的正负外部性内部化，才可能实现参与个体投入产出效用最大化。

（2）准公共产品消费具有竞争性与非排他性。

奥斯特罗姆（Ostrom）[13]曾形象地称竞争性为拥挤效应。准公共产品超过"拥挤点"后，每增加一个人的消费，就减少原有消费者的效用。由此可见，当超过"拥挤点"后，公共产品的消费就开始产生竞争性。因此，拥挤性是准公共产品的本质特征，拥挤效应也体现了一种消费效用的稀缺性和一定程度的排他性。Marwell 和 Ames[25]认为，准公共产品消费的非排他性导致参与主体具有"强搭便车"倾向，同时，Head[26]指出非排他性是"市场失灵"的主要原因。

（3）准公共产品消费存在过度使用问题。

过度使用会使准公共产品的质量降低，导致所有利益相关者的收益受损。因此，区域准公共产品供给中的多利益主体决策就是在以个体效用最大化和集团效用最大化为端点的区间内连续分布的随机变量。当准公共产品供给远大于需求时，多利益主体决策更多地体现个体效用最大化偏好；当准公共产品可供给数量显著减少，趋近准公共产品供给上限时，多利益主体决策将显著体现集团效用最大化偏好。

（4）准公共产品的产权复杂。

准公共产品的产权难以明晰，纯市场机制的调控方式很难适用于准公共产品管理，同时，依靠利维坦（Leviathan）方式管理准公共产品很难取得令人满意的投入产出及资源利用效率。因此，Ostrom 在公共池塘资源自主治理模式研究中提出更为现实的方法，通过谈判、规范、互惠等交互形式协调所有多利益主体，通过规范集体选择路径的方式解决准公共产品供给与消费中出现的问题，从而促进准公共产品供给效率与社会整体福利最大化。

对于准公共产品的应用，国内学者针对不同对象的准公共产品进行了相关研究。郭丹[27]对水、电、气这类准公共产品定价问题进行了探讨和分析，并针对定价机制改革从政府和企业两方面提出了对策建议；赵晔琴[28]将保障房看作城市准公共产品，分析农民工纳入城市公共住房体系的制度困境与现实障碍；李宁[29]以部分旅游景点门票收费状况调查为切入点，基于准公共产品理论，深入分析如何明确旅游景点的属性和定价规则；俞冰婧[30]以杭州市基础教育为实证对象，说明准公共产品的需求收入弹性随收入增长呈现先增后减的非单调性，并提出准公共产品的倒 U 形需求收入弹性曲线假说；部分学者将高速公路作为一种准公共产品，对其经济属性、融资模式、建设投资体制等进行了探讨研究[31-33]。部分学者针对农村准公共产品进行了农村可持续发展、农村公共财政、农村制度创新等问题的探讨[34-36]。综合而言，国内学者主要基于准公共产品的外部性、供给理论和产权问题，对不同类型的准公共产品进行了制度改革、定价管理等方面的探讨。

2.1.2 公共池塘资源治理理论

公共池塘资源是一种人们共同使用整个资源系统而分别享用资源收益的公共资源，具有非排他性和竞争性特征，不同于俱乐部产品（俱乐部产品具有排他性和非竞争性）。典型的公共池塘资源有地下水、近海渔场、牧场、石油、灌溉水渠等。从物品的属性界定，公共池塘资源就像一个向所有人开放的池塘中的水，所有人都可以去取水，但水一旦被谁取得，水就成了私人拥有、私人享用的物品。

随着世界各地自然资源的枯竭和环境的恶化，公共池塘资源治理理论一直在世界各地的各种公共资源研究领域受到关注、验证和争论，研究问题包括过度捕捞、砍伐森林、过度放牧、大气和水污染、地下水损耗以及其他不合理的公共资源配置问题。美国著名行政学家、政治经济学家 Ostrom[37]提出了公共池塘资源治理理论。她认为，现实中公共池塘资源的退化和逐步枯竭从根本上来说就是集体选择非理性的问题。公共池塘资源治理就是解决集体行动困境之道，研究如何消除集体选择非理性而导致的公地悲剧。公地悲剧简单来说就是每个人都希望自己的利益最大化而使公共资源受到损害。公共池塘资源治理理论中包含自主治理和治理公共事务的创新制度理论，希望实现相互依赖的理性个人进行互惠的交换与合作，进而通过自主治理促进公地繁荣。人们通过自主治理组织，常常能够找到解决公地悲剧问题的制度安排，能够使所有人面对"搭便车"、规避责任或者其他机会主义行为诱惑时取得持久的共同利益。Ostrom 在系统理论分析基础上进行深入的实证研究，运用公共选择与制度分析理论和方法，为水资源、森林甚至气候等公共池塘资源的制度结构研究作出了突出贡献，因此获得 2009 年诺贝尔经济学奖。

Ostrom[38-40]通过开展实证研究和隐含的博弈分析，从以下三个方面阐述了自主治理理论的核心内容。

（1）影响理性个人策略选择的四个内部变量。

产生传统的集体行动困境的模型假设主要有两个：①个体之间沟通困难或者无沟通；②个人无改变规则的能力。自主治理理论的中心内容是研究一群相互依赖的委托人如何把自己组织起来，进行自主治理，从而能够在所有人面对"搭便车"、规避责任或其他机会主义行为形态的情况下取得持久的共同收益。Ostrom 在讨论这一问题时，将复杂不确定环境下影响个人策略选择的内部变量确定为四个，即预期收益、预期成本、内在规范和贴现率。人们选择的策略会共同对外部世界产生结果，并影响人们未来对行动收益和成本的预期。个人所具有的内在规范的类型受处于特定环境中其他人的共有规范的影响。如果这一规范成为与他人共享的规范，那么采取被其他人认为是错误的行动所要受到的社会非议便会对其形成制约。贴现率受到个人所处的自然和经济保障程度的影响，认为自己的经济收入未来都将依赖于地方公共资源的占用者会给予未来收益很高的贴现率。同样，如果住在不顾及未来受到责难的社群中，人们只追求短期所得、不顾及长期利益的行为不被约束，那么人们会具有较低的贴现率。

（2）制度供给、可信承诺和相互监督。

对于制度供给问题，Ostrom 认为，要评价一套制度的总收益，需要确定九个环境变量：占用者人数、公共资源规模、资源单位在时空上的冲突性、公共资源的现有条件、资源单位的市场条件、冲突的数量和类型、变量资料的可获得性、所使用的现行规则、所提出的规则。Ostrom 认为，要了解一套制度可能产生的收益是非常复杂的，取决于当前制度安排所形成并对人们公开的信息类型以及替代方案所提出的制度规则。

对于可信承诺问题，Ostrom 认为，个人在复杂的、不确定的环境中通常会采取权变策略，即根据全部现实条件灵活变化行动方案。在一个自治组织的初始阶段，在大多数人同意遵循所提出的规则的情况下，一个人对其未来预期收益流量进行计算后，可能会同意遵守这套规则。但是当违反这套规则所得到的利益高于遵守这套规则所得到的利益时，他也有可能违反规则，除非这种行为被人觉察并受到制裁。因此，遵守规则的权变承诺只有在监督下才是可信的。自治组织的群体必须有适当的监督和制裁，在没有外部强制的情况下激励自己（或他们的代理人）去监督人们的活动、实施制裁，以保持对规则的遵守。

对于相互监督问题，Ostrom 基于多地自主治理成功案例的研究，表明许多自治组织自主设计的治理规则既增强了组织成员进行相互监督的积极性，又使监督成本变得很低。由于不必付出太多额外成本，监督成了人们实施规则、进行自主治理的副产品。这些都使自治组织内部的相互监督得到加强，而相互监督的加强又增加了人们采取权变承诺的可能，提高了人们对规则承诺的可信度，两者相互补充、相互加强。

（3）自主治理的具体原则。

通过分析世界各国的代表性案例，包括瑞士和日本的山地牧场及森林的公共池塘资源，以及西班牙和菲律宾群岛的灌溉系统的组织情况等，Ostrom 总结和界定了其中八项原则：①清晰界定边界，有权从公共池塘资源中提取一定资源的单位、个人或家庭必须予以明确规定；②占用的时间、地点、技术或（和）资源单位数量的规则要与当地条件及所需劳动、物资或（和）资金的供应规则保持一致；③集体选择的安排，绝大多数受操作规则影响的个人应该能够参与对操作规则的修改；④监督，积极检查公共池塘资源状况和占用者行为的监督者（对占用者负责的人或占用者本人）；⑤分级制裁，违反操作规则的占用者要受到其他占用者、有关官员或两者的分级的制裁，制裁的程度取决于违规的内容和严重性；⑥冲突解决机制，占用者和有关官员能迅速通过低成本的地方公共论坛来解决他们之间的冲突；⑦对组织权的最低限度的认可，占用者设计自己制度的权利不受外部政府权威的挑战；⑧分权制企业，在一个多层次的分权制企业中，对占用、供应、监督、强制执行、冲突解决和治理活动加以组织。

中国公共资源过度开发问题越来越严重，对其原因的研究也逐渐增多。田喜洲和蒲勇健[41]认为，中国旅游资源过度开发问题的根源是其所具有的公共资源特性及开发过程中的外部性问题。孙吉亭和潘克厚[42]分析，产权的不明晰也会造成公共池塘资源过度开发。围绕公共池塘资源过度开发问题的治理，不少学者针对不同类别的资源提出了自己的思考与建议。靳永矗和赵龙英[43]以梵净山风景区抬滑竿服务团队的抬滑竿服务为例，运用公共池塘资源治理理论分析，得出了适用于小规模集体组织的滑竿原理。按照滑竿原理，公共池塘资源在开发利用过程中对于资源的协作生产及供应必须建立合理的绩效考核机制和组织原则，才能提高这一类物品或服务的供给效率。徐理响[44]通过分析皖中某小生产队在历史各阶段对灌溉水渠使用的变迁状况，运用公共池塘资源治理理论的基本原则展开了深入讨论，指出制度供给、相互监督及可信承诺三个方面在历史各阶段存在的差异以及各阶段制度存在的缺陷。他认为，公共池塘资源的治理需要结合不同时代、不同阶段、不同地方的实际情况，运用公共池塘资源治理理论的八项原则进行制度修正。王浦劬和王晓琦[45]从中国森林治理的现实情况出发，通过对国内外研究者对公共池塘资源治理理论研究的梳理，借鉴 Ostrom 的社会-生态系统的研究方法，拓展了森林治理的研究，有很高的理论研究价值，同时对现实有很重要的指导意义。这些治理办法都突出了自主治理的重要性，认为只有发挥公共池塘资源所有使用者的自主性，共同制定使用规则，才能有效地治理公共池塘资源，维持资源的可持续利用。

2.1.3　利益相关者理论

利益相关者理论属于企业伦理学（或商业伦理学）的研究范围，是社会学和管理学的一个交叉领域。为了制定一个理想的企业目标，必须综合平衡考虑企业的诸多利益相关者之间相互冲突的索取权。利益相关者是指能影响企业活动或被企业活动所影响的人或团体，包括股东、债权人、雇员、供应商、消费者、政府部门、相关的社会组织和社会团体、周边的社会成员等。利益相关者理论的提出有着深刻的理论背景和实践背景。从理论上看，利益相关者理论与企业社会契约理论[46]和产权理论[47]有着密切的关系。从实践上看，利益相关者理论分为以下阶段：①20 世纪 60 年代末期。奉行股东至上主义的英国、美国等国家的经济遇到了前所未有的困难，而更多体现利益相关者理论思想的德国、日本以及许多东南亚国家和地区的经济迅速崛起。在这种现实反差面前，人们不得不开始反思英国、美国企业制度安排的合理性。②20 世纪 70 年代。全球企业普遍开始遇到一系列现实问题，主要包括企业伦理问题、企业社会责任问题、环境管理问题等，这些问题都与企业经营时是否考虑利益相关者的利益诉求密切相关。③20 世纪 70 年代以后。面对日益强大的社会舆论压力，许多企业的经营者开始选择中庸的经营之道，即企业经营时不去损害他人的利益，而只是满足法律上的最低要求。但这种防御性策略往往使企业疲于应付各种利益相关者的利益诉求，很快就陷入被动之中，导致其经营业绩迅速下滑，进而促使人们去寻求既能维持赢利又能安抚众多利益相关者的双赢或多赢的策略。④20 世纪 80 年代中期以后。利益相关者理论在这一时期得到了长足的发展[48]。弗里曼（Freeman）的标志性著作 *Strategic Management: A Stakeholder Approach* 对后来的相关研究者产生了极大的影响，具有方向性指导意义，并被认为是利益相关者理论正式形成的标志。⑤20 世纪 90 年代以后。利益相关者理论受到了经济学家、管理学家的高度重视，成为帮助人们认识和理解现实企业的工具，其体系也逐步完善。与传统的股东至上主义不同，利益相关者理论从“企业是一组契约”这一基本论断出发，把企业理解为所有利益相关者之间的一系列多边契约[49]，这一组契约包括管理员、雇员、所有者、供应商、客户及社区等多方参与者，每一个契约参与者实际上都向企业提供了个人的资源。为了保证契约的公正和公平，契约各方都应该具有平等谈判的权利，以确保能照顾所有当事人的利益。利益相关者理论的核心是弱化所有者地位，强调企业社会责任，即企业在经营管理等活动中要考虑和体现各利益相关者的利益，同时应当通过协调和整合利益相关者的利益关系，达到整体效益最优化[50, 51]。⑥21 世纪以来。国际上利益相关者理论研究与应用的深度和广度快速增长，该理论广泛应用于企业治理、环境管理、生态管理、公共管理、旅游、教育等领域。Sun 和 Zhou[52]认为，作为一个有效的战略分析工具，利益相关者理论在国际发展领域甚为流行，其理念与方法对于扶贫、可持续生计、社区资源管理和冲突管理等有着重要意义。世界银行、亚洲开发银行等国际机构组织在相关的贷款项目评价指南中明确规定，项目决策时必须进行项目利益相关者分析，并具体规定了一系列利益相关者的指导原则。利益相关者理论在相关项目的规划、设计、快速农村评估、参与式农村评估等中得到相当广泛的应用；在项目筛选阶段，完整的利益相关者分析是项目决策的重要手段之一；投资项目利益相关者分析也成为项目社会评价、经济评价和环境评价的重要方法和内容。王清刚和徐欣宇[53]使用大样本数据，以 2010～2014 年沪深主板上市公司为样本，检验了企业在不同发展阶段履行对各利益相关者的社会责任对企业价值的影响。张琦和刘克[54]提出基于利益相关者理论的企业绩效评价指标体系，尝试探讨不同行业和市场环境下的企业绩效评价指标差异。

2.1.4　行为经济学

行为经济学是一门试图将心理学的研究成果融入标准经济学理论的科学。传统经济学理论假定人的行为是理性的、不动感情的、自私的、追求自身效用最大化的，即认为所有非理性的行为皆不存在。行为经济学认为人的行为所追求的远不仅限于此，他们还关注公平、互惠和社会地位等方面。

行为经济学形成于 1994 年，哈佛大学经济学家莱布森（Laibson）从心理学和行为角度探讨了人类的意志和金钱，通过把经济运作规律和心理分析有机组合来研究市场上人性行为的复杂性[55]。斯密（Smith）认为，经济理性表现为人们在市场活动中出于自身利益的考虑，对得失和盈亏会进行精密的计算；经济人是经济活动中的一般人的抽象，其本性是追求私利、以利己为原则，这样可以使社会财富达到最大化[55]。泰勒（Thaler）则认为，完全理性的经济人不可能存在，人们在现实生活中的各种经济行为必然会受到各种非理性的影响，很多从传统经济学角度来看是"错误"的行为经常被忽视，但往往正是这些行为导致那些"看起来很美"的决策最终失效乃至酿成恶果；人类的生活经验和社会实践表明，利他主义、社会意识、公正追求的品质和观念也是广泛存在的，否则无法解释人类生活中大量存在的非物质动机或非经济动机。Thaler 于 1980 年提出禀赋效应，即对损失的负面感受要比对同样大收益的正面感受更强烈；放弃我们已经拥有的东西，体验的是损失，而得到同样的东西，体验的是收益[56]。当一个人拥有某个物品时，他对该物品价值的评价要比拥有之前大大增加。这一现象可以用行为金融学中的损失厌恶理论来解释。该理论认为一定量的损失给人们带来的效用降低要多过相同的收益给人们带来的效用增加。因此，人们在决策过程中对利害的权衡是不均衡的，对避害的考虑远大于对趋利的考虑。出于对损失的畏惧，人们在售卖商品时往往索要过高的价格。汪丁丁[57]将行为学研究的基本原则归结为三条：①回报原则，那些经常给行为主体带来回报的行为比那些不带来回报的行为更可能被行为主体重复；②激励原则，那些曾诱发回报行为的外界激励比那些不曾诱发回报行为的外界激励更容易诱发行为主体的同类行为；③强化原则，行为主体在没有获得对其行为的预期回报，甚至为此遭到惩罚的时候，会被激怒，进而更强烈地要求实施同类行为或预期能够补偿损失的行为。

国内外学者的这种分析框架可应用到多个领域，具体可分为两个方面：①在消费决策方面。艾瑞里（Ariely）从行为经济学角度出发，在可预测非理性的研究中对购物、投资等非理性消费的行为做出了解读，提出如何运用可预测的非理性提高日常生活中的幸福指数。朱湖英[58]通过行为经济学对旅游消费决策进行分析，提出游客要减少旅游消费中的非理性行为、培养健康的旅游习惯、提高行业行为决策理论水平等建议。②在市场与企业方面。卡默勒（Camerer）运用实验方法研究风险决策理论和博弈决策行为，包括涉及资本市场和价格泡沫的叶栅实验、旨在考察以规范形式产生的组织文化的实验，以及针对博弈行为的神经系统科学成像实验[59]。叶德珠等[60]基于行为经济学时间偏好理论，提出了双曲线贴现模型，成功解释了诸多市场异常现象。朱超英和张乾[61]运用行为经济学方法探究房地产泡沫的形成和破裂过程，揭示了非理性行为对房地产泡沫形成的助推作用，对于中国经济发展有突出的贡献。

突破经济人的假设是经济学学科发展的必然趋势，经济理论应该研究人类行为的共性而非个性。迄今为止，经济学各学派理论观点都有其合理性，但也存在各自的局限性。传统经济学理性人的假设在很多情况下是不合理的，而行为经济学丰富了传统经济学分析问题的方式；行为经济学能对一定时期内存在的经济现象作出其独立的解释，并能很好地解释传统经济理论所不能解释的问题。行为经济学向传统经济学提出了挑战，并将产生重要影响。

2.1.5　水生态系统服务

随着日益增强的人类活动对生态系统负面影响逐渐扩大，生态系统服务研究已成为国际地理学、生态学及相关学科研究的前沿和热点[62-64]。Daily[65]认为，生态系统服务是指生态系统所形成并维持的人类赖以生存的自然环境条件与效用，是生态系统为人类提供的各种福祉，可分为供给服务、调节服务、文化服务和支持服务四大类[66]。作为将自然过程与人类活动联系起来的桥梁和纽带，生态系统服务对于自然资源的合理配置与利用、实现区域可持续发展具有重要的理论和现实意义。

对生态系统服务的研究萌芽于 19 世纪末期。在 Tansley[67]、Sabine[68]的研究基础上，Ehrlich 和 Mooney[69]正式提出了 "ecosystem service" 这一概念。1997 年，Daily[65]对生态系统服务功能的内涵、定义和分类等进行了详细叙述；Costanza 等[70]阐述了生态系统服务功能价值评估的方法，并对全球生态系统服务功能的经济价值进行了估算。欧阳志云和王如松[71]探讨了生态系统服务功能及其与可持续发展研究的关系。随后，生态系统服务研究进入迅速发展阶段。生态系统服务评估从最初静态层面服务供给的货币化价值衡量，到如今更加重视生态系统服务对人类福祉的影响，向着兼顾多利益相关者的综合评估不断发展[72, 73]。生态系统服务的供给与需求往往受到人类决策的干预和支配，受人类认知水平及行为方式的影响。不同生态系统服务之间往往存在明显的冲突，例如，供给服务上升可能带来调节服务下降的风险。近年来，认知生态系统服务之间不同程度此消彼长的权衡作用和相互促进的协同作用[74, 75]，成为生态系统服务研究的重要议题。厘清生态系统服务之间权衡和协同关系的时空变化特征，对促进区域多种生态系统服务总体效益最优、实现区域经济发展与生态环境保护的"双赢"具有重要意义[76,77]。

作为生态系统的重要组成部分，水生态系统不仅提供了维持人类生活和生产活动的基础产品，还具有维持自然生态系统结构、生态过程与区域生态环境的功能。对水生态系统的各项服务功能的定量评价有助于全面地认识水资源的价值[78]，科学合理地利用水资源，达到水资源利用的生态效益和经济效益最优化，对水资源保护及其科学利用具有重要意义。

传统关于水生态系统服务价值的研究往往集中在静态层面。20 世纪 70 年代初，美国学者拉森（Larson）提出了湿地快速评价模型，强调根据湿地类型评价湿地的功能，并以受到人类活动干扰的自然和人工湿地为参照。该模型在美国、加拿大及许多发展中国家得到广泛应用[79]。1972 年，扬（Young）对水的娱乐价值进行了评价[80]。1988 年，Henry 等[81]对贝吉米湖的生态系统服务价值进行了评估。随着赵同谦等[82]首次将水生态系统作为整体进行综合评价以来，国内已相继开展了近海[83]、河流[84]、水库[85]、湖泊[86]、城市湿地[87]等类型水生态系统的服务功能价值研究，很好地揭示了这些类型水生态系统功能的内涵和特征。

近年来，全球及区域尺度生态系统服务的权衡与协同关系成为生态系统服务研究的重要议题。Chan 等[88]对生物多样性保护优先地区和美国加利福尼亚中心海岸生态区的 6 个生态服务功能供应区之间的相关性进行分析。Butler 等[89]通过 4 种土地利用情景评估了澳大利亚大堡礁地区水质调节服务与其他 10 种服务（包括利益相关者）之间的权衡与协同关系。葛菁等[90]在二滩水库集水区研究生态系统减轻水库泥沙淤积、减轻水库面源污染、产水发电的服务及价值对未来覆被格局的响应程度，并兼顾相关产业收益的变化，权衡各种情景格局的服务效益，优选利益相关方福祉提升幅度最大的情景格局。Su 等[91]以黄土高原延河流域为案例区，以乡为单位构建了人类活动指数，并分析了这一指数与初级生产力、碳汇、产氧量、水土保持等生态系统服务之间的关系。王鹏涛等[92]对汉江上游流域 2000～2013 年生态系统服务之间的权衡与协同关系时空变化进行了分析。

水生态系统服务越来越受到国内外学者的广泛关注，并获得了大量研究成果。科学评估水生态系统服务价值、优化水生态系统服务之间权衡或协同关系的管理，有利于增加生态系统服务总体效益，不断提升人类福祉。

2.2　国外水生态系统服务管理实践经验借鉴

近年来，国际上对水生态系统在各个领域都进行了大量且广泛的研究工作，以美国为代表的一些国家在水生态系统服务管理实践经验上取得了重要进展，这对国内学术界和水管理部门加强对水生态系统服务管理的认识、促进吸收和借鉴国际先进经验、提高综合管理水平具有重要参考价值。

2.2.1　联合国千年生态系统评估

联合国千年生态系统评估（millennium ecosystem assessment，MEA）是一个针对全球陆地和水生态系统开展的多尺度、综合性评估项目，旨在针对生态系统变化与人类福祉间的关系，通过整合现有的生态学及其他学科的数据、资料和知识，为决策者、学者和公众提供有关信息，提升生态系统管理水平，以保证社会经济的可持续发展。

MEA 所确定的目前突出的生态问题有：①全球大部分地区的鱼类资源面临严重威胁；②大约 20 亿生活在干旱地区的人口受到生态系统服务功能丧失的影响；③气候变化和养分污染对生态系统的威胁日益严峻。

MEA 重点关注生态系统的变化是如何影响人类福祉的，尤其重视对生态系统服务的评估（图 2-1）。

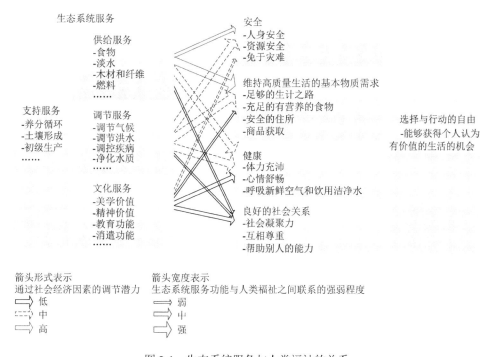

图 2-1　生态系统服务与人类福祉的关系

"千年生态系统评估报告集"之《生态系统与人类福祉》（*Ecosystems and Human Well-being: Synthesis*）[93]显示，人类对生态系统服务的利用正在快速增长。报告统计表明，在这次评估的生态系统服务中，大约 60%的服务正处在退化或者不可持续利用的状态（其中包括 70%的调节服务和文化服务）。全世界水生态系统也出现了不同程度的退化，包括自然因素和经济因素导致水资源匮乏，以及人类可获取的水资源有限等问题。

面对水生态系统逐渐退化问题，人们开展了很多旨在改善用水状况的水生态系统开发项目，但这些项目在实施过程中存在诸多压力：一是很多措施的实施并未充分考虑对水生态系统提供的其他服务功能所造成的不利影响；二是管理途径与模式缺乏一定的适应性，相较于很多系统管理中的跨部门管理模式，现有单一部门管理模式缺乏对水生态系统不同服务功能之间得失平衡的考虑。

为了更能确保水生态系统的可持续发展，减缓水生态系统退化，实现联合国千年发展目标，需要优先考虑：①良好的政府管理和法律体制及其授权，有助于各种对策的成功实施；②各个国际环境协议之间的活动的协调，有助于协议更加有效履行；③在制定更加具体的决策时，需要确保系统中各项服务所提供的价值，加强政府决策透明度，以及鼓励相关利益者参与。其意义体现在：①生态系统服务价值的评估可以为其开发和保护提供决策支持；②未来数十年内的重大决策必须处理好水生态系统现有各种利用方式之间的矛盾，以及现有和未来的利用方式之间的矛盾，包括农业生产与水质、土地利用与生物多样性、水资源利用与水生生物多样性、现有灌溉方式与未来的农业生产之间的失衡关系。

MEA 最重要的结论是，我们不能错误地将自然服务功能视为用之不竭和坚不可摧。人类要想持续利用这些自然服务功能来改善整个人类社会的福祉状况，必须从根本上改变在各个层次的决策中对待生态系统的态度。

2.2.2　国外典型水生态系统服务管理实践

水生态系统服务管理是国家制度建设的核心内容，本节选取具有代表性的国外典型水生态系统管理的制度实践，阐述其产生的历史背景或问题现状、实施对策及实施效果，以期从已有实践中寻求对中国水生态系统服务管理的启示。

1. 美国

美国是一个多河流国家，淡水面积为 24780 亿 km^2，排在世界第 4 位[94]。美国湖泊水环境管理起步较早，密西西比河流域和田纳西河流域等在历史上也经历了由工业、农业和人口发展导致的严重污染阶段，在管理机制、部门设置及分工、执法等方面积累了丰富经验。

1）法律体系

美国实行各州独立立法，州与州之间通过联邦政府等有关机构相互商议解决水资源管理矛盾，协调不成，则诉诸法律途径，通过司法程序解决。

《联邦水污染控制法案》等相关法律对流域管理提出了具体要求；《美国流域水环境保护规划手册》对流域规划编制的数据收集、问题识别、污染负荷评估、目标确定、方案制订等提供了技术路线和方法；《流域保护方法：生态系统保护的一种框架》在排污许可证发放管理、水源地保护和财政资金优先资助项目筛选等方面充分考虑流域的水质改善和保护。除此之外，部分州环境保护局也制定了本地区流域规划指南和流域评估手册，以指导流域管理。

2）管理机构

美国为联邦制国家，其水资源管理体制的主要特征为：联邦政府与地方政府之间的权力主要集中于联邦政府；联邦政府各机构之间的权力主要集中于美国环境保护局，它拥有优先权力和最终权力，直接参与全国水资源管理、监督和处罚。在联邦政府层面，水资源管理机构涉及多个部门（表 2-2）。

表 2-2　美国水资源管理机构

部门	职责
美国环境保护局	主要负责保护和改善全国环境质量； 为控制污染而规划、研究和制定湖泊水环境基准
农业部国家自然资源保护局	负责农业水资源的开发利用和环保； 为供水和发电项目提供优惠贷款
美国垦务局	负责收集整理、监测、分析和提供全国所有水文资料； 为政府、企业和居民提供准确的水文资料； 为水利工程建设、水体开发利用提出政策性建议
美国地质调查局	制定环保规定，调控和约束水资源开发利用，防止水资源污染
田纳西河流域管理局	执行流域性水生态治理，全面负责流域规划的制定与实施，拥有规划、开发、利用、保护流域内各项自然资源的广泛权力； 高度自治、财务独立的法人机构地位，既拥有政府权力，又具有私营企业的灵活性，国会拨给专用经费，直接对总统负责
美国陆军工程兵团	负责政府兴建大型水利工程的规划和施工

其中，田纳西河流域管理局（Tennessee Valley Authority，TVA）是世界上第一个流域管理机构，其目的是推动自然、经济和社会的有序发展。但伴随着田纳西河流域管理进程，TVA 的流域管理职责不断弱化，现已发展成为美国最大的公共电力公司，偏离了流域综合管理的初衷。此外，由于电力市场竞争激烈，TVA 已经开始负债经营。TVA 采用类似集权与统一管理模式，时常与美国的联邦制度和流域内各州的利益发生冲突，"充分开发利用"的理念不符合可持续发展的潮

流。目前，TVA 模式受到了很多批评和指责，在美国没有得到推广，多数致力于开发水利资源的后起工业化国家，电力建设常常由政府或政府的电力企业操纵。像 TVA 这样综合开发水电兼有防洪航运的模式仍被许多发展中国家所推崇。印度、墨西哥、斯里兰卡、阿富汗、巴西、哥伦比亚等国家相继建立起类似的以改善流域经济为目标的流域管理局，其共同特征是：①对经济和社会发展具有广泛的权力；②属于政府的一个机构，直接对中央政府负责；③法律授予高度的自治权；④有专门的经费，滚动开发。目前在发展中国家尚无取得明显成功的范例。

2. 澳大利亚

墨累-达令河流域位于澳大利亚的东南部，穿越其 4 个州，是世界上最大的流域之一。近两个世纪以来，人类活动已经使该流域环境发生了巨大变化，存在水冲突、土地盐碱化、农田与湿地退化、河流健康等级下降、管理与协调等方面的问题和威胁[95]。为适应经济社会发展以及水资源状况的变化，墨累-达令河流域经历了一个漫长的历史发展过程，积累了丰富的经验并日趋成熟，基本上实现了流域水资源管理一体化的目标[96]。

墨累-达令河流域的管理模式由三个层次的机构组成：墨累-达令河流域部长级理事会，这是流域管理的最高决策机构；墨累-达令河流域委员会，这是部长级理事会的执行机构，负责流域管理日常工作；社区咨询委员会，负责反映各种意见，为部长级理事会决策提供咨询和评议[97]。

通过多年的管理实践，墨累-达令河流域管理当局逐渐认识到流域的水-土-植被是一个相互依存、相互制约的有机整体。为了促进流域一体化管理，流域实行联邦政府、州政府、各地水管理局三级管理体制，管理机构设置如下[98]。

1）决策机构

墨累-达令河流域部长级理事会，由联邦政府、流域内 4 个州政府中负责土地、水利及环境的部长组成，主要负责制定流域内的自然资源管理政策，确定流域管理方向。

2）执行机构

墨累-达令河流域委员会，由流域内 4 个州政府中负责土地、水利及环境的司、局长或高级官员担任，主要负责流域水资源的分配、资源管理战略的实施，向部长级理事会就流域内水、土地和环境等方面的规划、开发和管理提出建议。

3）咨询协调机构

社区咨询委员会的成员来自流域内 4 个州、12 个地方流域机构和 4 个特殊组织，主要负责广泛收集各方面的意见和建议，进行调查研究，对相关问题进行协调咨询，确保各方面信息的顺畅交流，并及时发布最新的研究成果。

墨累-达令河流域管理过程注重公众参与。一方面，流域机构的设置充分体现广泛的代表性：墨累-达令河流域委员会下设办公室，负责流域管理中的日常事务，其成员是政府部门、大学、私营企业及社区组织的自然资源管理方面的专家；社区咨询委员会是流域管理中的咨询协调机构，其部分成员来自全国农民联合会、澳大利亚自然保护基金会、澳大利业地方政府协会、澳大利亚工会理事会。另一方面，墨累-达令河流域委员会通过通信、咨询和教育活动等综合项目支持社区与政府建立伙伴关系，鼓励公众参与流域的决策制定。

墨累-达令河流域协商管理模式的成功运行基本上实现了流域水资源管理的一体化。事实证明，建立在协商机制之上的流域管理模式能够解决流域问题，并且方案制订阶段的充分参与是落实协议的关键。

3. 新加坡

新加坡曾是世界上人均淡水资源占有量倒数第二的国家，"治水"作为国家战略任务，为解决这一关乎国家生死存亡的重大问题，新加坡政府把水资源保障视为国家的"咽喉"，提出四大"国家水喉"计划，采用天然降水、进口水、新生水和淡化海水多管齐下的办法。

1）水资源开发规划的顶层设计

由于不能实现淡水自给，从 1927 年开始，新加坡就从邻近的马来西亚进口水资源。除此之外，新加坡在其他三个方面做了巨大改变：①开发雨水资源。新加坡邻近赤道，雨量充沛，降水密度高、持续时间短、分布面积小。为此，新加坡政府斥巨资规划建设了一套现代化、高标准的雨水收集系统，超过一半的国土面积都是雨水收集区，22 个蓄水池通过管网连通实现联合调度，可以将全国80%～90%的降水转化为饮用水，满足当地居民 30%以上的用水需求。②新生水。新加坡是国际水业界公认的以科技创新解决水资源困境的成功实践者。目前，新加坡建有 5 座新生水厂，供水量仅次于进口量，占总供水量的 30%。新生水的水质远超国际食用水标准，新生水的生产成本仅是海水淡化成本的一半，价格比自来水还便宜。新生水是由反渗透膜制造出来的纯净水，由新生水厂通过特殊管网直接输送给企业，作为非饮用水，剩余部分注入蓄水池，与雨水混合，经过自来水厂净化后作为自来水供应。这样，干旱时可通过提高新生水产量来保持蓄水池的水位。新生水水源是被处理过的污水和废水，通过深隧道阴沟系统循环使用。阴沟系统的建成也使新加坡污水处理厂的数量由 6 座减少到 4 座。③淡化海水。新加坡从 1998 年开始实施"向海水要淡水"计划，除政府自行设计、建造和运营外，还鼓励私营企业参与。目前，新加坡两座海水淡化厂的供水量满足全国 1/4 的用水需求。其中，位于大士的大泉海水淡化厂斥资 10 亿多新元建造，是亚洲最大的使用反向渗透技术的海水淡化厂。

2）政府引导与市场运营相结合

政府引导与市场运营相结合体现在：①开源节流，以水养水；②以水资源税收作为经济杠杆，对居民用水需求进行调节；③注重对公众的宣传教育，通过加强宣传，强化公民节约水、保护水及水危机意识。

以上措施不仅保证了每一位居民都能享用自来水，而且使新加坡的工业得到充分发展。2011 年，新加坡和马来西亚的第一份供水合约到期，新加坡挺直腰杆表示"不需要续约"，并计划在 2061 年第二份供水合约到期前实现供水完全"自给"。

4. 日本

琵琶湖是日本第一大淡水湖，四面环山，面积约 674km^2，地理位置十分重要，邻近日本古都京都、奈良，横卧在经济重镇大阪和名古屋之间，是日本近年来经济发展速度最快的地区之一。20 世纪 60 年代，日本的经济高速发展带来了环境危机。随着沿岸城市工业的发展，一大批工业项目的建设彻底改变了琵琶湖封闭式水资源利用的传统版图和格局。工厂、生活用水等排出的废水中，大量农药、化学合成品、重金属类物质破坏了水生环境，给水中的鱼类也带来了危害。1962 年，因农药而产生的渔业受损额达到了 4 亿日元。据 1973 年滋贺大学的统计数据，13%～14%的鱼出现了脊椎骨异常。日本采取了一系列综合治理措施，以期解决琵琶湖污染问题。主要举措如下。

1）水质标准和排放限制政策

日本基于《环境基本法》对所有公共水域设定了全国统一标准，将河流、湖泊、水库和近海领域根据用途分类制定不同标准，包括针对河流管理的《河川法》、为解决湖泊污染问题的《湖沼水质保全特别措置法》等。1978 年，对《水污染防治法》进行了修订，以实施大封闭水体的区域总污染物负荷系统（areawide total pollutant load control system，ATPLCS）。ATPLCS 的主要目标地区为排放标准（包括严格排放标准）不足以达到和维持环境质量标准的地区。

2）金融支持政策

日本中央政府在水资源保护和水污染治理方面投入的财政资金主要有两种支出形式：一是直接投资于水资源开发和保护项目的建设、运营、维护和管理；二是通过转移支付为地方政府和公有水务企业提供补贴，使之在将生活用水、污水排放收费维持在较低水平的情况下，能够负担有关设施建设、运营、维护和管理的成本。

3）环境损害公共补偿制度

日本于 1969 年制定了《关于因公害引起的健康损害的救济的特别措施法》，并于 1973 年制定了《公害健康受害补偿法》，确立了公众因环境问题遭到伤害的补偿制度。

4）公众参与机制

对于琵琶湖的污染治理，日本在相关规划文件中的描述非常通俗易懂，使得不具备专业知识的公众也能参与监督实施的过程。同时，为了促进公众正确地认识琵琶湖、提出科学合理的建议及意见，日本进行了广泛的环境教育。此外，日本政府还开展了丰富的环保活动，不仅让公众参与到保护琵琶湖之中，更重要的是将环境保护观念植入人心。

从 1972 年起，日本政府全面启动了"琵琶湖综合发展工程"，历时近 40 年，促使琵琶湖水质由地表水质五类标准提高到三类标准。

5. 德国

德国治理河流污染的范例莫过于莱茵河的治理。莱茵河曾被称为"欧洲下水道"，沿河两岸排放工业废水，导致莱茵河内的鱼虾及沿岸动植物大量死亡。包括德国在内的欧洲主要国家纷纷行动起来，出台了一系列管理办法，以解决莱茵河治理问题。

20 世纪 60 年代，包括德国在内的莱茵河流域各国与欧共体（欧盟的前身）代表签署合作公约，为共同治理莱茵河奠定了法律基础。公约认为，控制污染源是河流治污的关键。1987 年，制定并实施了旨在莱茵河生态系统整体恢复的"莱茵河行动计划"：①改善莱茵河生态系统，使较高级的物种（如鲑鱼和海鳟）能够重返原来的栖息地；②保证莱茵河继续作为饮用水源；③降低莱茵河淤泥污染，以便随时利用淤泥填地或将淤泥泵入大海；④改善北海生态，"莱茵河行动计划"承诺，拓宽合作范围，而不仅限于水质方面合作。生态系统的目标为不仅防治莱茵河污染，而且恢复整个莱茵河生态系统，这一目标的确立为莱茵河综合水管理奠定了基础。

莱茵河的成功治理还得益于成熟的法律管理体制。在德国联邦政府层面上，《联邦水法》是其水资源管理的基本法。相比德国原有的水资源法律，《欧盟水框架指令》的新颖之处表现在四个方面：①明确了对水体采取综合性流域管理的方式；②指明水体的生态标准优于其他各项标准；③强调成员国内部及成员国之间的水资源管理的跨界合作与协调；④注重展开广泛的公众信息交流和咨询。2002 年，根据《欧盟水框架指令》的要求，德国对《联邦水法》进行了第七次修订。此次修订主要涉及德国十大流域区的综合管理，联邦州之间水资源合作与协调的义务，地表水、地下水、沿海水等的环境目标，以及流域管理规划和数据收集、传递等方面的内容。

在上述行动计划取得显著成效后，保护莱茵河国际委员会（International Commission for the Protection of the Rhine，ICPR）又制定了"莱茵河 2020 年行动

计划"，旨在进一步改善并巩固莱茵河流域的可持续生态系统。这项计划的主要内容是进一步完善防洪系统、改善地表水质、保护地下水等。

　　6. 荷兰

　　荷兰地处莱茵河、爱塞河和斯赫德河 3 条河流入海口，是一个土地低洼、人口稠密，受洪、涝、海潮危害严重的国家，1/3 的国土低于海平面。荷兰也走了一条先污染后治理的路。第二次世界大战后，荷兰工农业生产全面恢复，随着城镇化规模的提升，密集的城镇及人口必然导致大量市政污水、工业废水以及农业径流产生。此外，在荷兰入海的欧洲三大河流也不断地将其他国家的污水带至荷兰，使得荷兰弱小的水体环境自净容量不堪重负[99]。面对生存危机，荷兰依靠其经验丰富的治水模式、管理体制改革与工程技术创新，成为当今世界成功治水的典范。

　　1）法律体系

　　为防治水污染，荷兰颁布了一系列关于污水管理和控制的法律。1970 年颁布的《地表水污染防治法》是防止地表水污染的基本法，从法律上进一步明确了地表水排放污染许可制度和惩罚细则。1982 年颁布的《地下水法》是防止地下水污染的基本法，规定了在国家有效监督下，各省对地下水开采、管理所承担的主要责任，并确定了地下水开采的注册、许可、上诉及征税制度。1989 年颁布的《水管理法》规定，国家、省政府和水务局等三级负责编制水资源的开发和治理规划。

　　2）管理体系

　　荷兰政府管理机构分三个层次：中央、省以及行政区。然而，各级政府并不负责地表水水量与水质的管理。荷兰存在一个特殊的专门管理地表水水量与水质的机构——水务局，它独立于政府部门之外，是一个典型的非政府组织。水务局实行水流域管理制度，专职负责区内的水务管理。水务局的原始功能是防止土地遭受洪水侵袭。目前，水务局的功能已从单一的水量管理过渡到对水量、水质的双控管理，业务范围涉及灌溉、引流、排水、水净化以及运河与河流维护。

　　3）技术支持

　　在水污染防治方面，荷兰总是自觉走在欧盟其他成员国的前列，其对污水处理技术的研发和应用领先世界。荷兰长期以来致力于研发废水、污水处理领域的技术，一些城市早在 19 世纪便建立了污水处理系统，时至今日，这些系统纵横贯通并得到很好的维护。另外，荷兰制定了严格的法律，自 20 世纪 70 年代起，便开始创新废水处理技术，投资于废水解决方案的公司超过全球行业平均水平。荷兰一些科研机构和公司专门解决缺水、水污染问题的相关技术的研发处于全球领先地位，其中很大一部分技术研究以由终端用户（水供应和水主管部门、工业用户）共同出资的研究项目形式进行[100]，这种做法是荷兰独有的。

通过上述法律的颁布实施，荷兰形成了地表水、地下水、水资源开发利用规划、水务管理等完整的水污染防治管理与治理的法律体系。

7. 南非

在南非开普敦，人们已经习惯每天精打细算一家人的用水量，并通过缩短沐浴时间、降低冲厕频率等一切方式节约用水。开普敦举全市之力节水，以及急剧削减农业用水，使得预计中的"零水日"不断推迟。最后，靠着天降及时雨和这一系列非常手段，几百万开普敦人历时半年多终于避免了"零水日"的到来。

"零水日"，顾名思义，这一天是专家预测开普敦水资源耗尽的日子。这不仅意味着会给当地居民的生活带来极大不便，也会对当地经济造成巨大冲击，甚至会引发公共卫生、社会治安等一系列问题。

开普敦的水资源危机与气候变化有着显著关系。近一个世纪以来，开普敦经历了最严重的干旱。事实上，气候变化与城市用水危机是一个相互作用的过程。不断增长的城市用水需求会加速气候变化的进程，反之，气候变化也会进一步加剧城市的水资源短缺。这主要是因为气候变化会改变降水的时间和强度，从而影响流入水库和蓄水层的水量；气温升高也会提高水的蒸发率。简而言之，气候变化对水资源的总体影响就是使丰水期更加潮湿，增加洪水的风险；使枯水期更加干燥，增加干旱的风险。

2018 年，开普敦市政府开始推行 6B 级限水令，即要求每位居民每天饮用水限制在 50L 以内；尽量不在户外使用地下水；户外灌溉被严格限制在每周二和周六的早 9 点以前和晚 6 点以后，时间不超过 1h；出售地下水必须事先取得南非水利部颁发的许可证。与此同时，开普敦市政府还加强了对过量用水居民的突击检查和惩处力度。

开普敦的案例带给人冲击的同时，也带来了更多的思考。它提醒人们，不要在真正面临水资源枯竭的问题时才意识到这一问题的严重性。当前，我们正处于一个城市空前发展的世纪，到 2050 年，全球预计将新增超过 20 亿城市人口，届时，城市用水量增长率或将高达 50%～250%。因此，发生在开普敦的这种极度水短缺状况未来或许会发生在更多的城市。

2.2.3　国外水生态系统服务管理实践经验总结

尽管各国政治体制形态各异，社会状况大相径庭，发展中国家和发达国家各自面临的水环境问题也不尽相同，但通过对各国水生态系统服务管理体制的研究分析，以及对典型管理制度安排的深入学习，我们仍可找出其管理模式和管理方式在发展趋势上的一致性，主要举措如下。

1. 法律法规

各国在水生态系统服务管理实践中充分发挥了法律和相关政策的作用。1969 年，美国颁布《国家环境政策法》（National Environmental Policy Act，NEPA），对水生态系统服务管理权力进行规范；1933 年，美国国会通过法案授权 TVA 负责田纳西河流域水利工程建设，全面负责流域规划的制定与实施。日本基于《环境基本法》对所有的公共水域设定了全国统一标准，包括针对河流管理的《河川法》、为解决湖泊污染问题的《湖沼水质保全特别措置法》等；此外，日本中央政府在水资源保护和水污染治理方面制定了金融支持政策。德国根据《欧盟水框架指令》的要求，对《联邦水法》进行了多次修订。荷兰 1970 年颁布的《地表水污染防治法》是防止地表水污染的基本法；1982 年颁布的《地下水法》是防止地下水污染的基本法；1989 年颁布的《水管理法》规定国家、省政府和水务局等三级负责编制水资源的开发和治理规划；1992 年颁布的《水董事会法》是一部涉及管理机构的法律。

2. 组织体制

在制定相关法律法规及相关政策后，各国进行了相应的组织体制改革以实施政策管理。美国设立了统一的具有水生态系统服务管理权限的管理部门，在此基础上在全国分设了 10 个水环境保护区域，实现水资源统一有效的管理。澳大利亚为了促进流域一体化管理，流域实行联邦政府、州政府、各地水管理局三级管理体制，管理机构设置主要包括决策机构、执行机构、咨询协调机构。新加坡将政府引导与市场运营相结合，在开源节流、水资源税收、宣传教育方面进行管理。荷兰存在一个特殊的专门管理地表水水量与水质的机构——水务局，它独立于政府部门之外，是一个典型的非政府组织。

3. 运作机制

公众参与是各国在水生态系统服务管理体制中民主协商制度的重要表现之一。澳大利亚以社区咨询委员会的形式吸取公众的意见，提高公众参与程度。日本于 1969 年制定了《关于因公害引起的健康损害的救济的特别措施法》，并于 1973 年制定了《公害健康受害补偿法》，确立了公众因环境问题遭到伤害的补偿制度。此外，日本使不具备专业知识的公众也能参与监督实施的过程，并进行了广泛的环境教育。

4. 技术支持

具体实施方面，各国在技术上根据国情采用相应的技术支撑。新加坡采用雨水收集、邻国购水、新生水和海水淡化 4 个水源技术并举的方式。荷兰长期以来研发废水、污水处理领域的技术，一些城市早在 19 世纪便建立了污水处理系统，时至今日，这些系统纵横贯通并得到很好的维护，自 20 世纪 70 年代起，便开始创新废水处理技术，投资于废水解决方案的公司超过全球行业平均水平。

综上所述，国外水生态系统服务管理的模式可概括为"统一""分级""协作""适应"这四个关键词。在许多国家的水生态系统服务管理中都充分考虑了流域自然属性，以统一管理和市场机制为基础，兼顾各国自身政治体制的特点，充分发挥地方政府的积极性，并纳入相关部门和社会团体，建立由多主体组成的协调组织，这种管理方式有利于照顾各方利益，保证了管理效率，也取得了较好的管理效果。在统一、分级和协作的管理模式基础上，强调水管理和政策的适应性。一方面，重视依法治水，各有关管理机构的职权、责任都由法律来予以规定，市场机制和法律机制成为水生态系统服务管理的两大重要机制；另一方面，根据外部环境的变化，及时调整水生态系统服务管理措施和政策，有效解决经济社会发展所带来的一系列水生态系统服务问题。

2.3　中国水生态系统服务管理的历史总结

中国的水生态系统服务管理的概念不是凭空冒出来的，是经过不断的演化而来的。本节将根据中国历史上人水关系的变化，说明中国不同水生态系统服务管理模式的内涵，并结合中国不同流域管理实施方法和效果，总结可以借鉴的中国水生态系统服务管理经验[101]。

2.3.1　中国水生态系统服务管理模式及演变路径

纵观人类社会历史的发展进程，从定居并发展农业开始，人类便与土地和水形成了密切的交互关系。在人们的生活、生产中所进行的治理水害、共享水源是人类社会最早的水事活动，对这一系列水事活动的管理就是最早的水管理。

中国的水管理可追溯到大禹治水时期，从西周起就有管理治水的官员，特别是在防洪治河方面，特别强调中央集权和水政的统一。水利事业为中国历代施政重心。经过几千年的发展和演变，经历了从以需定供到需求管理、从完全依靠水利工程到重视水资源管理的转变，水资源管理取得了长足进步[102]，具体如表 2-3 所示。

根据水资源管理模式和水管理思想的特征，可以将中国水资源管理的演变历程分为四个主要阶段[103]。

表 2-3　中国水资源管理的演变历程

阶段	水资源管理特征	管理模式	管理思想
初始阶段	需求相对供给小得多，水资源管理目标单一	分散管理	以需定供
农业革命后阶段	水资源管理的体制不顺、机制不活、力度不大	分散管理	以需定供
民国时期1912~1948 年	由以防洪修防为主逐渐走向综合治理，由旧时代的河工逐渐走向近代的水利科学技术	混合管理	以需定供
1949~1988 年	以服务农业为主要目的，以防洪、灌溉为重点，重建设、轻管理	综合管理	供需协调
1989~1992 年	水资源管理目标逐渐由单一目标向多目标协调转移	综合管理	供需协调
1993 年至今	强调要合理开发、科学管理水资源，保障当代人和后代人永续发展的用水要求	综合管理	可持续利用

1. 分散管理、以需定供阶段

该阶段处于人类社会发展的初期阶段。由于具有生产力水平低下、生产工具落后、人类活动受自然控制、人类崇拜自然等特点，该阶段人类对水资源的需求小于供给。根据社会发展特征，该阶段又可细分为初始阶段和农业革命后阶段。

在初始阶段，水资源需求远小于水资源供给。水资源在人类经济活动中的作用比较简单，主要解决人类的基本生活用水、初期农业生产活动用水、交通、娱乐等问题，以满足人类社会生存需要。水资源利用方式采用简单的取水设施，傍河取水，逐水而居，水资源处于开放利用状态。人类对水资源的认识是水资源取之不尽、用之不竭。在农业革命后阶段，人类从食物采集者变成食物生产者，社会生产力有了一定程度的发展。同时，随着社会的发展，水资源的用途拓展到农业灌溉、航运、发电、工业用水等领域，水资源有一定程度的污染。此时，水资源供给量仍大于经济社会发展的需求量。但随着水资源需求量的增加，已有水资源开发利用途径无法满足需求。人们开始通过增加供水设施、供水规模和水资源利用效率来提高水资源的开发利用程度。

在这两个阶段，人类社会与水资源之间的矛盾主要表现在人与水（自然）之间的矛盾，尚不存在人与人之间的用水冲突。水资源管理思想为以需定供，即根据用水需求来确定该阶段水资源开发中的各种水利设施的建设及供水规模。水资源管理的目标主要是解决供水不足问题。水资源管理的中心主要围绕水利工程的建设、维护和运行，属于分散管理模式。在农业革命后阶段，人类活动对水资源的影响开始加强，用水紧张、用水冲突逐渐显现，人们仍然没有认识到水资源的价值，用水过程中浪费严重，政府开始采取制度措施来协调人类用水行为。

2. 混合管理，以需定供阶段

该阶段由民国时期的特殊背景和历史关系所致。一方面，中国封建时期跨度较长，长期的封建社会制度对生产力发展的束缚较大。水管理仍然被定位在防洪、除涝、抗旱等职能，侧重基础设施的建设，忽视了对在建和已建工程的管理。管理的体制不顺、机制不活、力度不大，存在重建轻管的心理，历代腐朽的统治阶级阻碍了水利事业的发展[102]。另一方面，中国水资源管理逐渐受到西方科学理论和近代科学技术的影响。工业革命以后，全球社会生产力得到高速发展，人类对水资源开发利用的规模越来越大。技术的进步使水资源开发利用成本降低，加速了水资源的开发利用。人口的增加和经济社会的进一步发展使水资源需求量进一步增加，水资源可利用量与经济社会需求量基本趋于饱和，局部地区或枯水时段甚至出现一定的用水紧张状态。同时，工业化进程的快速发展加剧了因取水或排污引发的冲突。由此引发人们对水资源稀缺程度的认识，并逐渐强调水资源价值、水资源管理，协调用水主体的用水行为的必要性。

受现实问题和理论思想的冲击，中国水资源管理逐渐由分散管理转向综合管理，水利工程的建设开始纳入流域水资源开发利用中，开始建立不同层次的水资源管理机构，并制定相应水利法规，约束各用水主体的行为。各种经济手段开始运用到水资源分配、管理和保护中[102]。

因此，该阶段是一个过渡时期，是推动中国水资源管理实现由官僚治水逐渐走向专家治水、由以防洪修防为主逐渐走向综合治理、由旧时代的河工逐渐走向近代的水利科学技术、由依靠外籍专家逐渐走向发挥国内专家作用的重要阶段。在水管理模式上，逐步实现了全国水利行政的统一，立足于流域和区域性开发，对水管理机构和水政进行重大变革，改变了传统的治河、漕运、营田为纲的体制，针对各大流域形成了较为全面的治理规划和重点工程勘察研究，并颁布了中国第一部西方近代法学理论与国家水利实践相结合的水法。但在管理思想上，该阶段仍然局限于以需定供，重视工程建设和管理[102]。

3. 综合管理，供需协调阶段

1949 年中华人民共和国成立后，生产力水平高速发展，经济社会用水量骤增，水资源可利用量远不能满足当地的用水需求，供求失衡，水资源短缺成为制约经济发展的关键因素。同时，传统水资源开发利用模式以及水资源利用中的末端治理范式所造成的后果开始显现，生态环境严重恶化，自然水环境容量远小于水体污染负荷量。依据管理思想，该阶段分为两个部分：从"重建设、轻管理，重点为农业服务"逐步转向"为国民经济各个部门服务，强调加强经营管理，讲究经济效益"，同时制定了不少水资源开发利用的政策、法规和管理措施，尤其是《中华人民共和国水法》的颁布实施标志着中国水资源管理进入了依法管水的新时期[104]。

该阶段，人们通过兴建大型跨流域调水工程来缓解局部地区水资源短缺的压力，但是跨流域调水只能暂时缓解水资源短缺的局面，无法从根本上解决水资源短缺问题，更不能解决水资源的污染问题。因此，从管理和政策制度角度寻找解决方案成为新的选择，人们尝试通过制定提高水资源利用率、控制水资源需求增长的制度、技术政策来建立水资源需求零增长基础上的经济发展模式。水资源开发利用的思想逐渐由"人类至上"向"人与自然协调"转变，开始重视人与水的和平共处。水资源管理目标逐渐由单一目标向多目标协调转移。水资源管理逐渐趋向于水资源开发、利用、保护的综合管理，追求水资源的代际均衡与可持续利用[103]。

4. 综合管理，可持续利用阶段

1993 年至今，水资源管理进入综合管理，可持续利用的新时代。一方面，人类社会的不断发展和对经济发展的需求加剧了水资源紧缺程度，同时生活污染和生产污染日益严重，对水环境造成了巨大的压力；另一方面，气候变化的不确定性增加了社会-生态系统的复杂性。水资源问题不仅与水资源开发利用相关，与土地利用、环境保护等也存在重要的依存关系。人们开始将自然与社会作为一个综合的大系统进行研究，强调通过适应性管理应对水资源问题的不确定性和多样性[105]。

此前，为集多部门之合力进行水资源管理，水资源采用多部门的协同管理模式，但是由于部门间缺乏合作与协商的多重管理，部门间政策不协调，影响了水资源政策的有效实施；同时，各部门间、部门管理与行政管理间职责不明，难以各司其职。随着中国经济持续快速的发展，水资源问题有进一步恶化的趋势[106]。因此，人们开始强化水资源的统一协调管理，加强流域管理，确定相关水环境管理部门的合作义务，并引入公众参与和多主体合作，加强水资源管理的透明性、公平性和统一性。各种制度、经济手段和管理措施在水资源管理中得到广泛应用，如水权制度、完全成本定价制度、排污权交易制度等。十六届三中全会明确提出"坚持以人为本，树立全面、协调、可持续的发展观，促进经济社会和人的全面发展"，高度概括了中国水资源管理哲学的变迁，是中国水资源管理理念从工程治水转向制度治水的重要标志。水资源管理强调以人口、资源、环境和经济协调发展为目标，强调合理开发、科学管理水资源，保障当代人和后代人永续发展的用水需求[107]。水资源管理思想转向以控制需求、协调用水、提高利用率为主的需求管理模式，以供定需，促进经济社会与水资源可持续发展[107]。

十八大第一次提出"生态价值"的概念，提出"把资源消耗、环境损害、生态效益纳入经济社会发展评价体系……建立反映市场供求和资源稀缺程度、体现生态价值和代际补偿的资源有偿使用制度和生态补偿制度"。水生态系统服务价值作为生态价值的重要部分，标志着中国水管理部门对水的管理模式从工程治水和制度治水向生态治水转变。水生态系统服务功能的价值评价有助于全面地认识水资源的价值，明确水各项功能对经济社会可持续发展的意义和作用，可以为科学合理地进行水资源利用、水利建设和开发等宏观决策奠定基础。此外，合理有效地将该价值融入人类生产、生活决策过程，推进自然资源资产研究，可以促进生态补偿与农业综合改革，使得水生态系统服务价值化研究具有重要现实意义。

综合上述四个阶段可见，人类社会发展的过程始终伴随着对水资源的开发利用，水资源开发利用的历史也是水资源管理制度不断演进的过程，是从分散管理走向统一综合、从经验走向科学、从单一开发走向协调共赢的演变过程。从人类开发利用水资源的历史进程来看，伴随着社会、经济条件不断变化，水资源供求形势不断动态变化，人与水的矛盾及其原因也发生变化，加之外部生态系统的变化，需要不断进行水资源管理重心的转移。不同阶段需要相应的管理和治理策略，尤其是在水资源高度缺乏的可持续发展阶段，急需对水资源管理体制进行调整和创新。

2.3.2　中国水生态系统服务管理实践与实施效果

中国不同流域（区域）水生态系统管理面临异质性问题，本节通过梳理长江、黄河、海河、淮河、太湖等流域水生态系统管理实践与实施效果，为今后中国水生态系统服务管理提供借鉴。

1. 长江流域调度管理的适应性能力建设

为有效实现长江流域水资源综合利用，中国于 1994 年开始三峡工程建设。该工程是迄今为止世界上最大的水利水电枢纽工程，能够实现防洪、发电、航运、供水等综合效益。

长江三峡及其上游流域水资源具有总量丰富，但时空分布不均衡的总体特点。同时，在全球气候变化的大背景下，长江三峡以上流域的水资源特征也受到气候变化不同程度的影响。三峡库区极端事件的频繁发生、脆弱的生态环境、水土流失、地质灾害等问题是三峡库区经济社会可持续发展面临的首要问题，各级政府和部门通过采取一系列措施提高三峡库区适应性能力，并取得了显著的效果。

1）加强联合调度、应对水灾害变化

三峡工程给长江上中游带来了一系列问题，包括三峡库区污染物质累积、三峡库区消落带生态退化和荆江防洪补偿调节等，需要科学地设计三峡水库的调度方式，人为地改变下游洪水节律或者改变上游水位的变化过程，通过径流和水位的调度改变河流物质交换能力与水体生态调节作用，改善河流环境状态。以荆江防洪为例，由于三峡到荆江河段还有较大的区间和较多的支流汇合，三峡水库的

防洪调度需要考虑区间洪水过程的变化。其中,除支流的天然洪水之外,清江来水及隔河岩水库的蓄洪作用非常重要。因此,可以将三峡和清江梯级水库作为一个关联系统进行调度运用,共同控制荆江防洪所需要的洪水拦蓄量以及蓄放水优先次序。在可以动用的水库防洪库容调节下,尽可能地缩短荆江干流的高水位持续时间,从而减轻长江关键江段的防汛压力[108]。

此外,三峡水库蓄水后,自 2003 年 6 月首次在三峡库区发现"水华"现象以来,"水华"问题已经成为三峡库区水环境的突出问题和公众关注的焦点。据不完全统计,2003~2005 年,三峡库区累计发生 27 起"水华"现象,仅 2006 年 2~3 月就发生 10 余起"水华"现象;2007 年,三峡库区共有 7 条支流出现了"水华"现象;2008 年,三峡库区的"水华"现象持续时间缩短,但频率增加,且发生范围出现明显的扩大。三峡水库蓄水以来的监测结果表明,随着三峡水库蓄水的进一步实施,三峡库区"水华"现象的发生范围进一步扩大,发生时间区域集中,藻类优势种趋于多样化。利用水库调度产生的水位波动可以有效影响"水华"现象的发生条件,明显地减少"水华"现象的发生。

2)提升综合监测和预警预报能力,保障水库安全运行

建立三峡工程生态与环境监测系统,掌握三峡库区生态系统和局部气候的时空变化情况,反映工程建设对气候环境的影响,并在此基础上提出有效的对策措施。针对三峡库区环境保护工作的实际需求,在充分调研和总结以往研究工作的基础上,1996 年,国务院三峡工程建设委员会办公室协调组织了环保、水利、农业、林业、气象、卫生、交通、社会统计等有关部门,对三峡库区及长江到河口地区的生态与环境进行全面的跟踪监测。根据三峡工程生态与环境监测系统建设的规划,由中国气象局国家气候中心牵头承担了三峡库区局地气候监测子系统的建设。该系统除对三峡库区进行气候监测、编制局地气候监测年度报告外,还针对三峡库区的主要气候变化特点、要素时空分布特征、水库气候效用数值模拟、气候资源开发利用、气候灾害发生及影响等方面进行了分析研究。这些工作对合理开发利用三峡库区气候环境资源、制定移民开发规划、避免气候灾害、调整农业结构布局和三峡库区环境资源保护等提供了科学的依据。

3)推进生态保护,适应气候变化

实施天然林保护、退耕还林还草等生态建设,进一步增强林业作为温室气体吸收汇的能力,是提高三峡库区气候变化适应能力的重要途径之一。近几年来,围绕三峡库区生态建设,先后启动实施了"山水园林城市"和"青山绿水"两大战略工程,加快三峡库区用地生态建设步伐,陆续启动实施了生态建设综合治理工程、长江中下游水土流失治理工程、长江中上游防护林工程、天然林资源保护工程、退耕还林工程和高效农业建设工程等生态建设重点工程,累计开展水土流失治理面积近 1 万 km^2,控制水土流失面积 5000km^2,森林覆盖率大幅提升。

三峡库区退耕还林工程始于 2000 年，从整体情况来看，该项工作进展顺利、成效显著。以三峡坝区夷陵区为例，从 2001 年开始实施退耕还林工程，累计完成退耕还林 1.69 万 hm²，其中，退耕地造林 9100hm²，荒山造林 7800hm²。退耕还林工程取得了比较显著的生态、经济和社会效益。尽管三峡工程建设占用了该区 800hm² 林业用地，但是由于退耕还林工程的实施，生态状况明显改善，为农业丰产稳产起到了不可替代的屏障作用。从中国长江三峡集团有限公司监测情况来看，近几年流入三峡库区的泥沙含量正以每年 10%的速度递减。同时，在退耕还林工程建设过程中，该区结合农村产业结构调整，大力发展干鲜果业、药材种植业、茶叶种植加工业、桑蚕业等后续替代产业。退耕还林工程有力地推动了该区农村产业结构调整，增强了经济发展后劲，也为巩固工程建设成果奠定了良好的基础。同时，退耕还林工程使坡耕地不断减少，特别是 25°以上的不利于耕种的陡坡耕地大量减少，改变了长期以来广种薄收的耕作习惯，调整了不合理的土地利用结构，增加了土地经营的集约化程度[109]。

2. 黄河流域水权分配的协商制度设计

黄河流域的水权分配制度经历了从自由取用水权分配制度到先来先用水权分配制度再到竞争性水权分配制度的过程。在中华人民共和国成立之前，黄河给人们带来的不是丰余的水资源，而是泛滥的洪水和淹没的土地。受这种历史背景的影响，在中华人民共和国成立后，中国对于黄河的管理曾长期以防洪治理为主，在水资源的利用上是典型的开放的、可获取资源的水资源管理模式，沿岸单位和个人都可以自由取用黄河水，浇田灌地无须缴纳任何费用。受自由取用水权分配制度的影响，各地竞相建设了大量的引水工程，同时对农作物采用了大田漫灌的灌溉方式，在种植结构上还引进了高耗水量的水稻。沿岸对水资源的过度开发和利用造成黄河水资源的相对短缺。在无约束的条件下，上游过度取水致使黄河从 1972 年以后多次出现断流，最严重的年份断流长达 200 多天，给下游造成了巨大的经济损失。黄河流域上下游之间竞争性用水矛盾的激化导致黄河水权高度集中的行政性分配。1987 年，国务院批准了南水北调工程生效前的《黄河可供水量分配方案》。1998 年 12 月，国家计委、水利部联合颁布了《黄河可供水量年度分配及干流水量调度方案》和《黄河水量调度管理办法》，授权水利部黄河水利委员会对黄河水量实行统一调度。通过水量统一调度，遏制了下游日趋严重的断流局面，尽管 2000 年遭遇了严重的干旱，黄河流域下游仍出现了 20 世纪 90 年代以来首次未断流，保证了城乡居民生活用水，农业用水也有了较大改善，政府的干预起到了重要作用[110]。

黄河的防断流实践是非常成功的制度变迁案例。通过水量统一调度，强化了区域用水的总量控制，确立了新的水权规则和用水激励结构。沿黄河各省区对这一制度变迁作出了有效的响应，各种用水主体的行为随即发生了积极变化，主要有以下方面[111]。

（1）沿黄河各省区对于分水方案的违约率下降、履约率上升。

1999 年以来，个别省区长期超限额用水的现象开始扭转。山东省在 1999～2003 年中只有 2002 年超限额用水；内蒙古自治区则在 2003 年历史上第一次用水总量减到了限额以下。对于 3 个用水总量达到限额的省区（宁夏回族自治区、内蒙古自治区和山东省），尽管 20 世纪 90 年代山东省和内蒙古自治区的超限额用水量都为正，但是其超限额用水比例不断缩小，至 2000 年用水总量已经基本等于限额，之后除个别年份，用水总量大多在限额之下；宁夏回族自治区除个别年份，用水总量大多在限额之下。这表明黄河的分水方案执行得越来越好，黄河水权分配制度的有效性越来越高。

（2）有力推动了沿黄河各省区的相关事业改革进程。

一方面，推动了沿黄河各省区用水结构的调整，1988～1998 年地表水的耗用结构中，农业灌溉用水量占 92.0%，工业用水量占 5.1%，城镇生活用水量占 1.3%；1999～2003 年，农业灌溉用水量占比下降至 88.0%，工业用水量占比升至 7.4%，城镇生活用水量占比上升至 3.2%，用水结构向合理的方向调整。另一方面，促使沿黄河各省区（特别是超耗水省区）量水而行，调整产业结构，限制高耗水企业的发展，调整农业种植结构。

（3）黄河流域用水效率提高速度加快。

在实施水量统一调度特别是 2000 年以后，黄河流域内各种生产用水的定额出现了明显的下降趋势，特别是农业用水定额。实施水量统一调度前的 1997 年，黄河流域平均地区生产总值耗水定额为 560.17m³/万元，2003 年平均地区生产总值耗水定额降至 309.66m³/万元，比 1997 年降低 44.7%。从 1980 年到实施水量统一调度前，黄河流域万元地区生产总值用水量年均下降 8.11%，而实施水量统一调度以来，黄河流域万元地区生产总值用水量年均下降 9.41%。

（4）水量统一调度管理诱发了更多的制度变迁。

黄河上中游的内蒙古自治区和宁夏回族自治区等超耗水省区面对水权总量约束的硬化，转向从优化配置已有水权中寻求出路。截至 2020 年，内蒙古自治区和宁夏回族自治区开展了 5 个水权转让试点，通过农业节水，将节余水量有偿转让给工业项目，已经取得了一定的社会和经济效果，对于中国市场经济条件下的水权制度建设具有深远意义。

黄河流域为防断流推行的大规模制度变迁使沿黄河各省区用水主体的行为发生了深刻改变。黄河流域的水资源分配和利用已进入良性轨道，沿黄河各省区不再从向中央要水、中央补贴调水中寻求出路，转而主要依靠从自身节水和水权优化配置中寻求出路。黄河流域水权分配制度变迁对区域用水总量的约束、地方用水效率、地方用水结构、产业结构调整、地方水价改革等 13 个方面产生了不同程度的变化。从中不难发现，制度建设产生了巨大的收益和广泛的正外部性，这是黄河防断流成功的关键所在。

3. 海河流域节水制度安排体系构建

海河流域具有洪涝与缺水干旱并存的特点，素有"十年九旱"之说，该流域已成为全国水资源最紧缺的地区之一，多年平均水资源总量为 419 亿 m^3，仅占全国平均水平的 1.5%，人均水资源占有量约 350m^3，不足全国平均水平的 1/6，为世界平均水平的 1/24，远低于国际公认的 1000m^3 的水资源紧缺标准；耕地每亩平均水资源占有量为 258m^3，仅为全国平均水平的 1/8。

从需求层面来看，海河流域以其仅占全国 1.5% 的有限水资源承担着 11% 的耕地面积和 10% 的人口以及京、津等几十座城市的供水任务，水资源已不能满足工、农业生产和人民生活用水需要，处于供需严重失衡状态[112]。

从供给层面来看，随着经济和社会的不断发展以及人口的增加，海河流域需水量呈增长态势。海河流域包括北京市、天津市、河北省大部分地区以及山东省、山西省、内蒙古自治区、河南省等部分地区，流域内共有 26 个大、中型城市。海河流域人口急剧膨胀及经济快速发展，导致对水资源开发利用程度逐步提高[112]。2019 年，海河流域水资源开发利用率高达 106%，流域内大部分区域多年超采地下水，形成多个地下水漏斗。由于海河流域地表水资源的过度开发和利用，流域内河流长时间断流。调查结果表明，20 世纪 60 年代，海河流域 21 条主要河流中有 15 条河道发生断流，年均断流时间为 78 天；20 世纪 70 年代发生断流的河道增加到 20 条，年均断流时间为 173 天；20 世纪 80 年代～21 世纪初，21 条河流全部发生断流，年均断流时间超过 200 天。如果不采取强有力的措施及时解决水资源严重短缺的问题，水资源供需严重失衡的局面将更为严峻，国民经济和社会发展将受到瓶颈性制约。

面对严峻的水资源形势，海河流域各地高度重视节水型社会建设。近年来，海河流域各地以水权、水市场理论为指导，改革体制、创新机制、完善法制，因地制宜，积极探索，在城市节水、农业节水、污水处理等方面取得了明显成效，流域水资源利用效率和效益明显提高，有力地保障了经济社会的快速发展。海河流域万元地区生产总值用水量从 20 世纪 80 年代初的 2490m^3 下降到 2020 年的 34.7m^3；在用水量增加 1.5%、人口增长 30% 的情况下，海河流域地区生产总值从 1980 年的 1592 亿元增加到 2000 年的 11630 多亿元，翻了近三番。

海河流域各地节水型社会建设的主要成功经验和做法如下：①积极推进水务一体化管理，为节水型社会建设提供了体制保证。截至 2005 年，海河流域各地共成立县（区）级以上水务局 220 余个，占海河流域所有县（区）级以上水行政主管部门的 73%。②完善节水法规建设，逐步实现了依法节水。截至 2013 年，海河流域共出台省级节水法规和规章 30 余个，为依法节水提供了重要保障。③加强节水规划和前期工作，为节水型社会建设提供了科学依据。例如，天津市先后编制了《天津市城市供水规划（2011—2020 年）》《天津市供水规划（2020—2035 年）》等一批指导性很强的节水规划，确定了全市总用水量和各区县、各行业用水指标。④加强宏观调控，充分发挥了政府的组织推动作用。海河流域各地通过调整产业结构、制定用水定额、实行分类供水、加强技术改造等措施，促进了水资源的节约和高效利用。⑤积极运用市场经济手段，促进了水资源优化配置。海河流域各地通过水价调整、水权转让等市场经济手段有效促进了水资源优化配置、节约和保护[113]。⑥加大了治污力度，有效保护了水资源。加强了污水处理和中水利用，京、津两地的污水处理能力已达到排放量的 50% 以上。⑦高度重视科技进步的作用，全面带动了节水。加大了污水再生回用、海水淡化、节水灌溉等技术研究和推广力度，截至 2013 年，海河流域节水灌溉面积已发展到 330 万 hm^2，占流域实际灌溉面积的 50%。⑧积极抓好试点工作，为节水型社会建设提供了典型示范。充分学习借鉴水利部开展国家级节水型社会建设试点的经验，因地制宜地开展试点工作。截至 2013 年，海河流域共有国家级节水型社会建设试点 2 个，省级节水型社会建设试点 10 个，为全面建设节水型社会提供了示范和经验。⑨重视宣传的作用，积极引导公众参与节水工作。海河流域各地充分利用"世界水日""中国水周"的时机和各种行之有效的方式大力宣传节水，使节水逐步深入人心，用水户参与节水的积极性明显提高。

此外，在全国节水型社会建设试点工作中，海河流域结合自身实际积极创新工作方式方法，为在全国范围内深入推进节水型社会建设积累了经验。例如，北京市大兴区大力推进再生水、雨水等非常规水源利用，有效地涵养了地下水，同时大力发展节水设施农业，提高了农业节水水平。河北省衡水市桃城区创造性地提出了"一提一补"的农村水价机制，取得良好的节水效果。山东省滨州市高度重视节水机制和制度建设，同时将节水考核纳入市政府年度考核体系。这些经验都具有较高的推广价值。

4. 淮河流域水灾害管理实践

1）淮河流域洪水灾害风险管理

淮河流域地处南北气候过渡带，气候复杂，极易发生暴雨洪水；流域内平原广阔，地势低平，蓄、排水困难，洪涝相互影响；跨省河道多，水事复杂，治理难度大；历史上黄河长期夺淮，打乱水系，堵塞河道，加重了淮河流域洪涝灾害[114]。

（1）淮河流域蓄滞洪区洪水灾害补偿。根据国务院 2009 年批复的《淮河流域防洪规划》，淮河流域的蓄滞洪区有 21 个，包括濛洼、南润段、城西湖、城东湖、瓦埠湖、老汪湖、泥河洼、老王坡等。此外，淮河流域的上六坊堤、下六坊堤、石姚湾、洛河洼、方邱湖、临北段、香浮段、潘村洼等 8 处蓄滞洪区虽不再列入国家蓄滞洪区名录，但在规划工程完工前，遇大洪水时，若分洪运用，仍参照《蓄滞洪区运用补偿暂行办法》给予补偿[115]。淮河流域蓄滞洪区的补偿方式是，遭受洪水灾害后，补偿工作由财政部、水利部发出通知，要求淮河流域所属省级政府有关部门按照《国家蓄滞洪区运用财政补偿资金管理规定》《蓄滞洪区运用补偿核查办法》以及有关财产核查和补偿程序的规定，指导蓄滞洪区所在地县级政府组织有关部门和乡（镇）级政府及时登记、核查蓄滞洪区内居民损失情况，制订补偿方案后报请国务院批准，安排下拨财政补偿资金。同时要求省级政府有关部门加强资金拨付发放工作的督促和指导，保证补偿资金及时足额发放。

（2）淮河流域极端洪水灾害风险管理模式的构建。淮河流域蓄滞洪区的极端洪水灾害管理模式是中央政府主导下，中央政府、蓄滞洪区所属地方政府、区内公众、市场四方合作的模式。两级政府是蓄滞洪区天然的管理者，一方面，要实现防洪、排涝、分洪蓄洪等公益性职能；另一方面，以地方政府为代表的基层管理机构存在发展区域经济、提高当地生活水平的需求。因此，两级政府在蓄滞洪区的管理中有管理者与参与者的不同定位，实现各级政府公共职能与发展职能的和谐发展。中央政府以再保险对灾害补偿基金注资，负责灾害补偿基金计划的具体实施，为灾害补偿基金计划的实现提供保障，地方政府为公众参与灾害保险提供补贴[116]。

2）淮河流域干旱灾害风险管理

淮河流域是中国旱灾最频繁的地区之一。由于黄河长期夺淮，淮河入海无路、入江不畅，加上特定的气候和下垫面条件，淮河流域历史上洪、涝、旱、风暴潮灾害频繁。据历史资料统计，淮河流域从 16 世纪至中华人民共和国成立初期的近450 年间，共发生旱灾 260 多次，旱灾出现的频次为平均每 1.7 年发生一次。淮河流域旱灾呈逐年加剧趋势，且旱灾重于水灾。淮河流域是中国农业、工业发展的重要地区，旱灾一旦发生，损失严重。例如，1978 年大旱，不仅农业受灾面积大，工业也严重缺水，蚌埠、徐州、淮北等城市供水严重不足。淮河流域各工厂一般缺水 3～4 个月，靠大量抽、引长江水解决，致使苏北各地工厂停产让电 100 多天，造成 20 多亿元的直接经济损失。2000 年，淮河流域发生了严重的春旱和伏旱，1～5 月淮北地区降水量较常年同期少 5 成以上。安徽省因旱灾造成直接经济损失 77 亿元。山东省因干旱造成粮食减产 584 万 t、经济作物损失 74.5 亿元，并使 721 家较大企业被迫限产、停产，造成全省工业经济损失 70 亿元。

2009 年，安徽省气象局参与了农业部、国际农业发展基金与联合国世界粮食计划署合作的"农村脆弱地区天气指数农业保险"国际合作项目,致力于天气指数农业保险产品的研发及推广,并选择长丰为试点县。针对长丰水稻干旱灾害,安徽省气象局设计了累计降水量指数Ⅰ和累计降水量指数Ⅱ、累计高温差指数等。2011年4月18日,安徽省天气指数农业保险完成首次赔付,赔付的是小麦天气指数农业保险,为将来在更大范围内推广天气指数保险奠定了良好基础[117]。与此同时,安徽省农业大省、灾害重省的省情及其农业保险发展水平低、有效需求不足的现实,使推广农业保险难上加难。由于现行制度安排的过渡性和阶段性特征较强,安徽省农业保险需求不足和供给短缺并存的市场失灵问题突出,具体表现在以下方面:①经办机构承保能力有限,试点品种和保险责任范围较窄,难以满足农户的保险需求。政策性险种主要集中于种养业,具有地方特色的优势产业,如蔬菜、水果、鸡养殖等,尚未列入试点[118]。②农户收入水平较低,农业保险有效需求不足,农业保险宣传推广效果与预期目标差距较大。农户保险购买力有限,政府保费补贴未能解决保费支付难题,因此农户参保积极性不高。另外,农业保险专业性强,需多部门配合,深入宣传推广。

5. 太湖流域水污染控制管理

太湖流域面积为3.69万km^2,行政区划分属江苏省、浙江省、上海市和安徽省。其中,江苏省占53.0%,浙江省占33.4%,上海市占13.5%,安徽省占0.1%。太湖流域河道总长约12万km,河流纵横交错,湖泊星罗棋布,是全国河道密度最大的地区,也是中国著名的水网地区。太湖流域内河道水系以太湖为中心,分上游水系和下游水系两个部分。上游主要为西部山丘区独立水系,有苕溪水系、南河水系及洮滆水系等;下游主要为平原河网水系,主要有以黄浦江为主干的东部黄浦江水系(包括吴淞江)、北部沿江水系和南部沿杭州湾水系。京杭大运河穿越流域腹地及下游诸水系,全长312km,起着水量调节和承转作用,也是太湖流域的重要航道[119]。

随着经济水平的不断提高,太湖流域人口数量持续增长,用水量也呈现出较大的上升趋势,环境污染状况日益严峻,水生态环境质量不断恶化,人口资源环境与经济社会之间的矛盾日益显现[120, 121]。表2-4为太湖各湖区2014~2018年水质变化情况[122]。

表2-4　太湖各湖区2014~2018年水质变化情况

年份	五里湖	梅梁湖	竺山湖	贡湖	东太湖	湖心区	东部沿岸带	西部沿岸带	南部沿岸带
2014	Ⅲ	Ⅳ	劣Ⅴ	Ⅴ	Ⅲ	Ⅳ	Ⅲ	Ⅳ	Ⅴ
2015	Ⅳ	Ⅴ	劣Ⅴ	Ⅳ	劣Ⅴ	Ⅳ	劣Ⅴ	Ⅴ

年份	五里湖	梅梁湖	竺山湖	贡湖	东太湖	湖心区	东部沿岸带	西部沿岸带	南部沿岸带
2016	劣V	劣V	劣V	V	Ⅲ	V	Ⅳ	V	劣V
2017	V	劣V	劣V	V	Ⅳ	V	Ⅲ	V	Ⅳ
2018	V	V	劣V	Ⅳ	Ⅳ	Ⅳ	Ⅲ	V	Ⅳ

由表 2-4 可知：①2014～2018 年，太湖各湖区的水质变化不尽相同，东部沿岸带水质改善较明显，2017 年水质重新达到Ⅲ类水的标准，成为整个太湖湖区中水质最好的区域；②梅梁湖和五里湖的水质都有所改善，从劣 V 类水逐渐改善至 V 类水；③竺山湖的水质仍为劣 V 类；④西部沿岸带水质从Ⅳ类到劣 V 类再到 V 类，呈现出较为严重的恶化趋势。

江苏省太湖流域经济虽然保持高速的增长，但是粗放型的特征仍然很突出，环境污染状况日益严峻，水生态环境质量不断恶化，人口资源环境与经济社会之间矛盾日益显现[121]。2008 年，财政部与国家环保总局正式启动了江苏省在太湖流域开展以水污染物排污指标为主要内容的排污权有偿使用和交易试点工作，范围包括苏州市、无锡市、常州市和丹阳市、句容市及南京市的高淳区、溧水区等，对象选择重点监控的 266 家排污企业。2009 年 8 月，为组织开展江苏省太湖流域主要水污染物排放指标有偿使用和交易试点工作，江苏省环保厅成立了水污染排放权交易管理中心，负责全省排污权有偿使用和交易管理等工作。这些试点工作的全面展开为江苏省太湖流域污染物总量减排起到了积极的推进作用。这是中国推进节能减排工作的又一项重大举措，目的是通过改革主要水污染物排放指标分配办法和排污权使用方式，建立排污权一级、二级市场和交易平台，逐步实现排污权行政无偿取得转变为排污权市场有偿使用，推进建立企业自觉珍惜环境、形成减少污染排放的激励和约束机制，加快实现太湖流域污染物排放总量削减的目标和水环境质量的好转[123, 124]。

总体来看，太湖流域水环境治理工作中也暴露出一些共性问题。

（1）总量控制目标难以实现。早在 2010 年，太湖流域水污染物的排放量已远超过水环境容量所能承受的最大的水污染物量，因此，当前使用目标总量控制方式。但是由于经济增长与总量控制之间存在直接的尖锐矛盾，污染物排放总量的确定成为水污染排放权交易的难点，个别地区总量控制的底线不断被突破，整个水污染排放权交易体系非常脆弱。

（2）排污权初始分配公平性难保证。现代排污权中常常使用既往原则（无偿分配）和拍卖原则（有偿分配）。既往原则是基于历史排放或使用环境资源记录，把使用环境资源权利免费分配给使用者，但这种方法在道德上存在非难，缺乏一定的公平性。拍卖原则虽然可能带来相对充裕的环境治理资金,但在选举政治考量下可行性降低,也不受参与企业欢迎,在经济处于不景气或低潮阶段表现格外突出。若没有企业积极参与,任何污染控制或资源保护政策都很难成功[125]。

(3)水污染排放权交易的市场失灵。目前,太湖流域的排污权市场还不是一个完全市场行为的市场,排污企业之间的水污染排放权交易还不完全是市场自发形成的,排污权指标主要由政府储备中心进行供应。地方政府起到了重要的中介作用,排污企业参与交易的意愿并不是非常强烈。此外,供给不足已经成为国内水污染排放权交易试点区域的普遍现象。太湖流域试点要研究如何避免出现有水污染排放权交易市场而没有实际形成排污权买卖关系的局面。

(4)排污监管体制不健全。水污染排放权交易监管体系依托于水环境的管理体制。江苏省太湖流域现行的工业水环境管理体制在横向上实行部门管理和行政区域管理相结合、环保部门统一监督管理与有关部门分工合作的管理体制,在纵向上实行各级地方政府对环境质量负责的分级负责的管理体制。太湖流域水污染排放权交易监管体系中,排污企业接受来自地方政府的环保、水利、国土、卫生、建设、农业、渔业、林业等相关部门的多重监管,形成了"环保部门统一监管,多部门合作监管"的水污染排放权交易监管体系现状,造成了部门职能交叉重叠、协调机制不完备,水污染排放权交易监管信息差显著、缺乏有效共享机制,公众参与途径单一、缺乏环境公益诉讼机制等问题[121]。

从江苏省太湖流域目前的水污染排放权交易试点情况来看,与美国、欧盟等国家或地区对排污权交易已建立明确的运作制度和正规交易市场相比较,中国尚处于起步阶段,缺乏具体的制度规定和配套措施,离市场化排污权交易还较远。但是总体来讲,江苏省太湖流域实行水污染排放权交易政策可以降低治理成本,加快治理进程。随着污染治理力度的增强,水污染排放权交易市场将越来越活跃。针对目前尚存在的一些问题,为了促进水污染排放权交易的推行,还需要在市场、机制、法律等制度建设方面做好相应的研究工作[126, 127]。

2.4　国内外水生态系统服务管理的经验与启示

研究发现,国外水生态系统服务管理模式和管理方式在发展趋势上具有如下一致性:①在流域内建立民主协商制度;②政策及目标制定具有适应性和可调整性;③设置统一的水资源管理机构;④建立符合国情的流域管理制度;⑤提供有效的法律、政策保障。通过分析典型流域的水生态系统服务管理实践,可以总结出国内水生态系统服务管理具有如下特点:①在流域内施行有效的水旱灾害管理体制，建立灾害监测预警系统；②加强流域水资源合理调度管理；③强调生态保护的重要性；④构建流域节水制度安排体系；⑤构建适宜的水权分配的协商制度；⑥注重水污染控制管理。

上述国内外水生态系统服务管理经验能够给国内典型区域的个性水生态系统服务管理带来启发。例如，跨区域水权交易的本质是水生态系统服务价值的效用转移与优化过程。跨区域水权交易与常见的水权交易特点不同，传统的水权定价模型不能完全符合水资源的价值，因此，可以将研究水生态系统服务价值量的价格体现问题转向研究跨区域水权交易定价问题。再如，传统的土地利用评价没有考虑生态系统服务价值因素，因此，可以从生态系统服务价值角度来优化土地利用结构。

2.5　本 章 小 结

本章首先从国内外水生态系统服务相关理论研究着手，简要说明了准公共产品理论、公共池塘资源治理理论、利益相关者理论、行为经济学、水生态系统服务的研究进展。

通过分析国外典型水生态系统服务管理实践，总结国外水生态系统服务管理实践经验。国外水生态系统服务管理的模式可概括为"统一""分级""协作""适应"这四个关键词。许多国家的水生态系统服务管理充分考虑了流域自然属性，以统一管理和市场机制为基础，兼顾各国自身政治体制的特点，充分发挥地方政府的积极性，并纳入相关部门和社会团体，建立由多主体组成的协调组织。这种管理方式有利于照顾各方利益，保证了管理效率，也取得了较好的管理效果。在统一、分级和协作的管理模式基础上，强调水管理和政策的适应性。一方面，重视依法治水，各有关管理机构的职权、责任都由法律来予以规定，市场机制和法律机制成为水生态系统服务管理的两大重要机制；另一方面，根据外部环境的变化，及时调整水生态系统服务管理措施和政策，有效解决经济社会发展所带来的一系列水生态系统服务问题。

对于中国水生态系统服务管理模式及演变路径，中国不同流域（区域）水生态系统管理面临异质性问题。通过梳理长江、黄河、海河、淮河、太湖等流域水生态系统管理实践与实施效果，得出中国水生态系统服务管理经验的历史总结，进一步凝练国内外水生态系统服务管理的经验对国内水权交易、土地利用以及生态文明建设的启示。

第 3 章　多尺度水生态系统服务价值管理基础理论

伴随着全球气候变化与人类高强度活动影响，水资源短缺、水污染加剧、水灾害频发等水生态系统服务功能退化现象日益严重，已成为制约人类社会可持续发展的重要因素。因服务稀缺导致的人与自然冲突诱因越来越复杂，涉及面越来越广，次生、衍生危害也越来越大，严重制约着人类社会的健康可持续发展，这是当代生态系统服务管理研究所面临的新任务。因此，本章将紧紧围绕上述科学问题，主要介绍水生态系统服务价值管理的基础理论，包括多尺度水生态系统服务相关概念、水生态系统服务价值管理内涵分析、水生态系统服务价值管理的经济学原理和多尺度水生态系统服务价值流结构四部分。

3.1　多尺度水生态系统服务相关概念

3.1.1　生态系统概念界定

"生态"（ecology）在《辞海》中解释为生物圈内的生物，同种或异种生物彼此间都会相互影响，生物和它所生活的环境间也会发生相互作用。"系统"（system）在《辞海》中定义为两个或两个以上相互有关联的单元，按一定秩序相连属，为完成共同任务时所构成的完整体。其含义最早可追溯到亚里士多德的《政治学》（*Politics*）和欧几里得的《几何原本》（*Euclid's Elements*）等，意思是"总体""整体""联盟"。在 19 世纪，第一个发展自然科学中"系统"概念的是研究热力学的法国物理学家尼古拉·卡诺。1824 年，他研究了蒸汽发动机中的"工作物质"，即通常说的水蒸气，它具有在一个由锅炉、冷储（冷水流）、活塞组成的体系中做功的能力。德国物理学家克劳修斯扩展了系统的含义，使之包括了环境的概念。

"生态系统"（ecosystem）一词最早由英国生物学家克拉彭（Clapham）提出，意指由物理因子与生物所构成的整个环境。1936 年，坦斯利（Tansley）提出，生态系统是指在一定的空间内生物成分和非生物成分通过物质循环和能量流动而互相作用、互相依存进而构成的一个生态学功能单位。MEA 中指出，生态系统是由植物、动物和微生物群落，以及无机环境相互作用而构成的一个动态、复杂的功能单元。

3.1.2　水生态系统服务概念界定

"水生态系统服务"的概念源于"水生态系统"和"服务"概念。"水生态系统"的概念源于"生态系统"概念。水生态系统（aquatic ecosystem）是指由水生生物群落与水环境共同构成的具有特定结构和功能的动态平衡系统。赵同谦等[5]指出，水生态系统不仅提供了维持人类生活和生产活动的基础产品，还具有维持自然生态系统结构、生态过程与区域生态环境的功能。"服务"（service）在《辞海》中定义为履行职务、任职或替社会、别人做事。

综上所述，本书中水生态系统特指内陆流域生态系统，主要用于刻画以内陆河湖水系为核心，由自然水体、水生生物、水域底泥、浅层地下水、滨岸带土壤及其生物系统共同构成的侧岸潜流带系统。本书认为，水生态系统是运用生态学原理和系统工程的方法，利用水与自然环境之间、水与社会活动之间的相互作用，并根据社会和物质生产的需求而建立起来的动态系统。基于水生态系统的定义，本书认为水生态系统服务（water ecosystem service）是指水生态系统及其生态过程所形成及所维持的人类赖以生存的自然环境条件与效用。它不仅是人类社会经济的基础资源，还维持了人类赖以生存与发展的生态环境条件。水生态系统服务的物质量从定量角度分析服务功能产生的量。水生态系统的物质量仅与水生态系统自身健康状况和提供服务功能的能力有关，不会受市场价格不统一和波动的影响，它能够比较客观地反映水生态系统的生态过程和水生态系统的可持续性。水生态系统的价值量是采用各种直接或间接的经济学方法对水生态系统服务的物质量进行量化的结果。

3.1.3　多尺度水生态系统服务价值概念界定

尺度在地理学上指呈现和描述地理现象的层级，即观测地理现象时采用的时间或空间单位，又可以指这一现象所涉及的时间或空间范围。这一概念由制图学上的"比例尺"引申而来。地理学在各个尺度等级上描述地理现象和差异。尺度在认识论意义上是对观察的范围和细致程度的表述；在本体论意义上是社会和自然界中复杂的互动过程的固有属性。MEA 中指出，尺度之所以重要，主要有两个原因：一是生态系统和社会系统作用范围很广，在这个过程中，系统的性质和敏感性可能会在不同的尺度上产生变化，选择合适的尺度才能避免得出错误的结论；二是跨尺度的相互作用对给定任一尺度上的结果都具有极其重要的影响，如果从单一尺度测量，则会忽视这些作用的影响。所采用的评估尺度不仅影响对某一问题的假设，而且影响与之相对应的一系列措施和政策。尺度与制定有关生态系统服务利用决策的场所、方法及决策人具有密切联系，也与人和人之间对生态变化的认识方式相关。

"水生态系统服务价值"（water ecosystem service values）的概念源于"水生态系统服务"和"价值"概念。汉语"价值"一词与古代梵文和拉丁文中"掩盖""保护""加固"这类词义有渊源，是在该词义上派生出来的"尊敬""敬仰""喜爱"的基础上形成的，其含义是起掩护和保护作用的、可满足的、可重视的。"价值"在《辞海》中被定义为事物的用途或积极作用，它在非学术领域给予定义，将价值与使用价值等同起来。

综上所述，首先，本书从以下两个尺度来剖析水生态系统服务价值：①对象层面的尺度。自然与人类二元耦合尺度，即水生态系统服务价值是自然系统与人类系统从供需两侧对服务的物质量及价值量耦合作用的产物。②测度层面的尺度。时间与空间二维尺度，即从时间序列和空间分异两个维度测度水生态系统服务价值，揭示服务功能在特定的时空尺度上发挥功能效用、维持供需均衡的驱动因素。然后，本书认为，水生态系统服务价值指水生态系统及其生态过程所形成的对人类的满足程度，水生态系统服务价值不仅在于水对工业、农业、电力等基础产业的天然贡献，而且在于水的有用性和稀缺性使其自身蕴含潜在价值。水生态系统服务价值应主要包含利用价值、期权价值、未利用价值三部分：①利用价值。水生态系统服务的利用价值分为直接利用价值和间接利用价值。直接利用价值主要指水生态系统供给的产品或服务所具备的经济价值，多数可用市场价格来估算，主要包括水资源供给、水产品生产、水力发电、水路航运、休憩娱乐等功能的价值；间接利用价值主要指无法商品化的水生态系统服务功能和维护地球生命支持系统功能的价值，主要包括水源涵养、水循环、水质净化、水土保持、增温增湿和固碳释氧等功能的价值。②期权价值。水生态系统服务的期权价值主要体现的是人类对水生态系统服务选择的时间价值，主要是对水生态系统服务未来收益的当期贴现，衡量公众的支付意愿，如生物多样性和栖息地保护等。水生态系统服务的期权价值主要取决于水生态系统服务供给与需求在时间上的不确定性，依赖于公众对水生态系统服务的风险偏好。③未利用价值。水生态系统服务的未利用价值可分为存在价值和遗产价值。存在价值即水生态系统本身具有的内在价值，仅仅源于知道环境的某些特征永续存在的满足感，而不论其他人是否受益；遗产价值即为了子孙后代将来利用生态系统功能的支付意愿。最后，基于以上定义，本书认为，多尺度水生态系统服务价值是运用供应链管理理论审视水生态系统服务价值的产物，主要指伴随着水生态系统服务网络的传播过程，以及其服务价值产生的物质量、供需关系、价值量、价格量的变迁关系。其本质在于自然与人类二元耦合尺度、时间与空间二维尺度下水源涵养服务、水土保持服务、水质净化服务和文化休闲服务在价值链源、流、汇结构上的差异，是水源涵养服务、水土保持服务、水质净化服务和文化休闲服务伴随供需结构发生相变所致。

3.2　水生态系统服务价值管理内涵分析

水生态系统服务价值管理内涵分析指对水生态系统服务价值管理的系统要素、系统特征和系统结构的分析，旨在梳理水生态系统服务价值管理各要素之间的互动关系，厘清价值流、物质流、信息流对水生态系统服务管理的影响。

3.2.1　水生态系统服务价值管理要素

水生态系统服务价值管理要素包括水生态系统服务价值管理的主体、客体、互动关系以及环境要素，如图 3-1 所示。本书界定水生态系统服务价值管理的主体指水生态系统服务中的具有主观能动性的有限理性生态人，具体包括政府主体、市场主体、公众主体；水生态系统服务价值管理的客体指有限理性生态人利用的水源涵养服务、水土保持服务、水质净化服务和文化休闲服务。水生态系统服务价值管理的客体产生的变化通过水生态系统要素间互动关系传递给有限理性生态人，有限理性生态人采取政策措施和工程措施等缓解和适应客体的变化，从而使系统具备适应性。

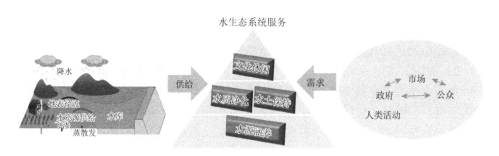

图 3-1　水生态系统服务价值管理要素结构

1. 水生态系统服务价值管理的主体

从学术界研究历史来看，经济学中关于人性的假设总体呈现出"自然人-经济人-社会人-生态人"的规律。随着社会经济的持续高速发展，生态安全问题成为人类面临的最大瓶颈。人类开始从人与自然生态可持续发展的角度寻求适应当前生态文明阶段的经济模式和管理模式。生态人的行为特征正是从人-

社会-自然生态的复合系统视角出发，在尊重自然生态规律及其特征的基础上，实现人与自然生态的和谐共生。生态理性是生态人将理性认知人与自然生态的紧密联系，在生态约束前提下采取理性的、动态的、循环的理性发展和监管措施的一种有限理性假设。

基于"生态人"概念，本书界定水生态系统服务价值管理的主体指水生态系统服务中的具有主观能动性的有限理性生态人，具体包括对水生态系统服务起调控作用的政府主体、将水生态系统服务用于生产运营的市场主体，以及将水生态系统服务用于满足日常生活需求的公众主体。

1）政府主体

政府主体包括政策型政府主体和经营型政府主体。政策型政府主体一般指国家级或省级农业、水利、环保等指导水生态系统服务的相关部门，主要提供水生态系统服务相关制度设计制定职能。其中，农业部门负责农田水利等水生态系统服务相关的调控和监管，水利部门负责水资源的配置和工程建设等任务，环保部门负责排污和水质监管等事项。政策型政府主体不仅承担宏观性的政策实施方向指导的任务，并且承担微观性的规范水资源配置、管理并监督资金使用、监督工程建设质量和安全等任务。政策型政府主体的目标主要是稳定社会发展，协调各方利益，力争实现社会福利最大化。政策型政府主体兼顾城市公共用水的管理，包括城市绿化用水和自然生态补水等。经营型政府主体一般指地方发展改革委、税务、财政等与水生态系统供给服务直接相关的部门，主要作为代理人实际参与政府所掌握的水生态系统服务产权的运营管理。经营型政府主体的目标主要是实现地区经济发展总量目标和速率目标，实现地区财政收入最大化。政策型政府主体和经营型政府主体之间存在目标冲突和职能衔接，需要通过责权划分、监督制衡、沟通协调优化互动关系，共同推进水生态系统服务价值的增加。

2）市场主体

参与水生态系统服务价值管理的市场主体主要包括供水公司、工业用水企业、污水处理厂、居民（包括农户）、水产养殖者和畜牧业养殖者等。供水公司将自然状态的水体处理后，经由供水管网供给工业用水企业和居民，并向工业用水企业和居民收取水资源费。工业用水企业指各需水工业企业，多因工业生产，企业产生较大的用水需求，追求自身利润的最大化。工业用水企业产生的污水进入排水管网进行污水处理，达标后排放。工业污水中的有害物质毒性较大，若进入自然水体会对生物多样性造成极大的损害，同时可能导致土壤污染、地下水污染、损害人体健康等，不利于社会的可持续发展。因此，需要环保等部门加强执法监管，防止工业用水企业为了企业自身利益而损害社会公众和自然利益。另外，需要发展改革委、司法等部门加强政策引导，避免经营型政府主体发生寻租行为。农户将水资源用于农业灌溉，追求自身利益最大化，在种植过程中施用化肥和农药，农业造成的面源污染对自然水体产生污染，导致物种基因的流失和自然资产的损失。自然水体污染和水体含氧量的下降导致鱼虾的死亡，使得水产养殖者的利益受到损害。因而，从事农业种植和从事水产品养殖的主体之间存在利益的冲突。需要政策型政府主体加强政策引导，使农户与水产养殖者之间建立利益补偿机制，鼓励发展特色农业、生态农业等模式。例如，鼓励农户兼具水产养殖者的身份，在稻田中从事螃蟹养殖，挖掘水生态系统的文化服务功能，发展观光农业。一方面减少农业面源污染，另一方面增加相关公众主体的收入。同时，需要环保等部门加强监管，协调上下游主体之间的利益。畜牧业养殖者追求自身收入的最大化，将水资源用于牲畜饮水，水质、水量将影响牲畜的生长发育和繁殖，进而影响畜牧业养殖者的收益。

综上所述，市场主体之间存在水量分配的利益冲突，需要政策型政府主体统一协调，增强市场调控，满足各方对水量、水质的诉求。

3）公众主体

公众主体是水生态系统服务价值管理的最终主体。水生态系统服务价值管理的公众主体指在日常生活中使用水生态系统供给服务的主体。生活用水体现了水及水生态系统最直接的提供产品的服务功能。在经济快速发展初期，人们生活水平迅速提高，洗浴设施、洗衣机、洗碗机、热水器具、冲水厕具等用水器具给生活带来方便和舒适之余，也带来用水量的激增。尽管与工业用水和农业用水相比，生活用水数量很小，但是从节流的角度出发，提高生活用水效率是非常必要的。从水量角度而言，水资源合理的重复利用能够提高水资源的利用效率，但是最终排放的污水造成水资源利用的生态效益和环境效益下降。因此，生活用水效率的衡量应该是生活用水综合效益的衡量。公众主体与市场主体之间同样存在水量分配的利益冲突，需要政策型政府主体开拓利益需求通道，优先满足居民生活对水量、水质的诉求。除了对水生态系统供给服务中水资源的最直接需求，公众主体也对水生态系统提供的水产品、固碳释氧、气候调节、观光旅游等众多服务提出需求。公众主体享用水生态系统提供的服务价值，从而获得效用。由于作为公众微观主体的个人的收入与作为市场微观主体的企业的收益直接挂钩，公众常常难以对企业的排污等侵害水生态系统行为提出反对意见，急需政策型政府主体和经营型政府主体配合调控和执法，以保护水生态系统的整体效益。

2. 水生态系统服务价值管理的客体

水生态系统服务价值管理的客体是指水-土-人耦合视域下水生态系统为居民与经济社会文化发展提供的环境条件及相关效用。本书从人类生产、生活直接利用的水、土资源着手，不考虑大气、矿物等人类间接利用的自然资源，并且不考虑工程措施（如水利工程）和非工程措施（如资源的市场交易）对水、土资源施加的作用，从水-土-人耦合视域将水生态系统服务划分为水源涵养服务、水土保持服务、水质净化服务和文化休闲服务四大类：①水源涵养服务。水源涵养服务是植被冠层、枯枝落叶层和土壤层对降水进行再分配的复杂过程，运作的核心机制是水资源的产、汇、流机制，主要表现为植被冠层截留降水、枯枝落叶层涵水和土壤层储水三个方面。②水土保持服务。水土保持服务指湖泊具有土壤的形成和保持的功能，在保持表土、减少表土损失和防止滑坡方面具有重要作用，运作的核心机制是水资源的产、汇、流机制以及土壤、覆被的截流机制。③水质净化服务。氮、磷污染是流域水质恶化的主要原因之一，本书利用生态系统对氮、磷的截留能力表征流域内的水质净化服务功能，运作的核心机制是河流的自净机制以及土壤、覆被的截流机制。④文化休闲服务。本书以条件指标视角选取单位居民绿色休闲区面积来定量表征文化休闲服务，运作的核心机制是人类对不同地理斑块的认知映射机制。

本书认为水源涵养服务表征水圈及其生态过程所形成及所维持的人类赖以生存的水圈环境条件与物质层面的效用，水土保持服务与水质净化服务阐释水圈-土圈耦合作用所形成及所维持的人类赖以生存的水圈-土圈环境条件与物质层面的附加效用，文化休闲服务代表水-土-人纽带所形成及所维持的人类赖以生存的生态环境条件与精神层面的效用。

3. 水生态系统服务价值管理的环境要素

水生态系统服务价值管理的环境要素按照其来源可以分为水生态系统本身、社会系统和管理水平三类：①水生态系统本身的结构决定其功能，其功能直接影响水生态系统的承载力。水资源的数量、质量、分布规律都会影响水生态系统。水生态系统的干扰因素有洪水和干旱。水生态系统结构本身具有层次复杂、不确定性、影响力通过社会网络传递与拓展等特征。②社会系统主要是人口数量、第一/二/三产业发展水平、经济的副产品（污水、污染物等）等因素。社会系统具备弹性，受到系统内政府、市场、公众等主体的主观能动性的影响，能够自发调节以适应内外部环境的变化。③管理水平受管理者的学历、工作经验和性格特征等因素的影响，管理水平直接影响水生态系统的可持续性。管理水平随着时间延长逐步提高，调控时间随着时间延长逐步缩短。同时，管理水平受社会网络的影响，在主体之间延伸和发展。

3.2.2　水生态系统服务价值管理特征

水生态系统服务价值管理特征可以从对象层面和测度层面来分析。从对象层面的尺度来看，水生态系统服务价值是自然系统与人类系统互相作用的产物。

随着人类活动的加强，在降水-入渗-产流-排泄-蒸发的自然水循环的框架内，形成取水-输水-用水-排水-回归的社会水循环，由此构成水生态系统服务的双重结构。在水生态系统的自然水循环过程中，水生态系统产生的水源涵养、水质净化、水土保持服务发挥着维系自然生态系统的功能；在水生态系统的社会水循环过程中，水生态系统产生的文化休闲服务发挥着维系经济社会系统的功能。流域内自然水循环与社会水循环是多过程的交互过程和多方向的反馈过程，交叉影响和支持水生态系统服务功能。从测度层面的尺度来看，水生态系统服务具有空间尺度特点和时间尺度特点：①水生态系统服务的空间特征指水生态系统价值及其相关变量在空间尺度分布的特点。在空间尺度上，水生态系统的各类功能存在较大的空间异质性，整体存在一定的空间分布特点。水生态系统服务的空间特征能够直观地定量描述水生态系统服务在流域地表物质循环和能量交换中的价值以及在促进经济社会发展过程中所发挥的重要作用，也有助于在进行流域水生态系统健康管理规划和生态修复时，根据实际情况进行差别化管理，针对存在的主要水环境问题提供科学指导。②水生态系统服务的时间特征指水生态系统价值及其相关变量在时间尺度分布的特点。在时间尺度上，伴随流域土地利用类型和性质的时间变化，水生态系统服务价值在人类经济活动等外在压力下具有鲜明的动态变化特点。因此，基于多期遥感影像和长时间序列的气象水文观测数据研究区域的水生态系统服务功能的时空演变特征与趋势，能够为主要水环境问题提供更加科学合理的指导方案。

3.2.3　水生态系统服务价值管理结构

水生态系统服务价值管理结构阐释了水生态系统服务价值管理主客体之间的互动关系，描述了主体的主观能动性对水生态系统服务价值的调节功能；详细解释了政策和居民行动（包括节约行动和环保行动）对增进水生态系统福祉的内在关联及其作用路径，重点突出政策型政府对加强主体之间沟通、减少对自然资产的损害、增进社会福祉最大化的作用；描述了系统内外的环境变化对水生态系统服务价值流向的影响。水生态系统服务价值管理结构为进一步分析影响水生态系统服务价值管理的核心变量和关键路径提供了理论支撑。

水生态系统服务价值管理结构包括宏观层、中观层及微观层三个层次（图 3-2）。对于微观层，侧岸潜流带提供水源涵养、水质净化、水土保持和文化休闲服务，以政府、市场、公众等主体互动为表征的理性生态人活动产生对水生态系统服务的利用诉求。水生态系统服务的输出具有显著的层次结构，具体依次表现为物质需求层次、附加效用层次和精神需求层次三个层次。物质需求层次为水生态系统服务结构的基础，是满足人类最基本生存需要的关键要素，也是水生态系统服务功能价值管理的基本要求。物质需求层次指水源涵养服务。附加效用层次是物质条件的增强与科学技术的进步共同催生出的层次，人类在这一层次展开对水生态系统增值空间的探索，扩大水生态系统输出的社会效益。这一层次主要包括水土保持、水质净化服务。精神需求层次是人类认知水平进一步提升的产物。在这一层次，文化休闲服务成为最高层的精神享受。对于中观层，流域水生态系统由土壤、植物、水资源以及利用水资源的各类群体组成。工业、生活、农业、生态用水群体利用微观层提供的水源涵养、水质净化、水土保持和文化休闲服务来满足发展需求。微观层的侧岸潜流带供给土壤、植物、水资源，这些资源被微观层的政府、市场、公众等主体利用。宏观层是微观层、中观层由高到低层层协调、由低到高层层涌现学习的产物。水-土-人系统在微观层-中观层-宏观层间形成反馈和调节，相互促进、相互循环，形成水-土-人耦合视域下的水生态系统。

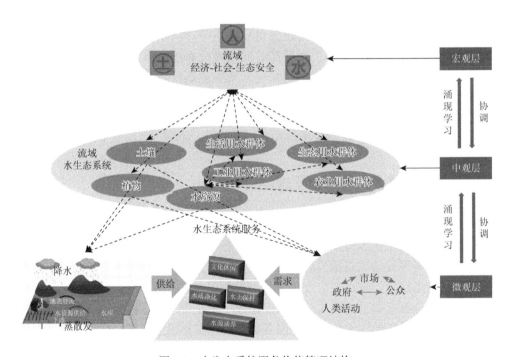

图 3-2　水生态系统服务价值管理结构

3.3　水生态系统服务价值管理的经济学原理

为了论证水生态系统服务价值管理本身所具有的经济学合理性，本书主要从有限理性生态人假设、水生态系统服务价值管理的经济学逻辑、水生态系统服务物质量影响机理分析及水生态系统服务价值量影响机理分析四个方面论述水生态系统服务价值管理的经济学合理性。其中，有限理性生态人假设是对生态约束前提下人类理性的、动态的、循环的发展方式和监管措施的一种有限理性假设；水生态系统服务价值管理的经济学逻辑从马斯洛需求层次理论剖析水生态系统服务价值的内涵；水生态系统服务物质量影响机理分析侧重分析人类活动对承载水生态系统服务的物质量的作用；水生态系统服务价值量影响机理分析则阐述水生态系统服务的物质量与价值量在人类供需影响下的变化。

3.3.1　有限理性生态人假设

本书定义政府主体、市场主体、公民主体符合有限理性生态人的假设。因此，本节先从人性假设的演进分析出发，阐释有限理性生态人的科学内涵。

1. 人性假设的演进分析

从历史演进来看，人性假设的主线可以划定为自然人-经济人-社会人-生态人等阶段。在自然经济时代，人类依赖自然的直接给予而生存，人与自然保持相对平等的关系，因此，该时期的人类主体以自然人（natural man）形态出现。自然人的行为选择较为单纯，几乎以生存繁衍作为唯一的行动指引，人与人之间尚未形成主动的竞争关系。随着生产力的发展和商品经济的出现，人与自然以及人与人之间的利益冲突逐步显现。由古典经济学派提出的经济人（economic man）假设成为以后很长一段时间西方经济学的主流思想。亚当·斯密在《国富论》（*The Wealth of Nations*）中提出经济理性（economic rationality），认为每个从事经济活动的人都是经济人，经济人都是理性的，都有理性的自利原则。主观上的利己心在"看不见的手"的指挥下展开竞争，客观上推进社会财富的增长，使整个社会福利增加。但传统的经济人及经济理性的局限性表现如下：①经济理性无法兼顾系统整体的有机性，片面地追求经济利益而忽视生态利益的重要性；②经济理性强调个体竞争利益，对个体间以及整体共享的利益则不予关注；③经济人以自我利益最大化作为行动目标，这必须以完全理性为条件，而人只能是有限理性的。经济理性的禁锢逐渐被揭示和认可。行为科学学派学者梅奥通过霍桑实验提出人群关系理论，逐渐引导经济人向着社会人（social man）转变。马斯洛提出的需求层次理论否定了传统的经济人假设把经济利益作为人的唯一需要的观点，认为经济人的需求偏好是复杂多样的，影响人类生存和发展的因素都会影响其需求偏好。随着财富的积累，人类对生态及可持续发展的破坏也在日积月累，继续固执地坚持经济理性必将激化人与人、人与自然之间的矛盾。随着社会经济的持续高速发展，生态安全问题成为人类面临的最大瓶颈。人类开始从人与自然生态可持续发展的角度寻求适应当前生态文明阶段的经济模式和管理模式，这推动着人性假设的生态理性（ecologic rationality）转向。

2. 有限生态理性的内涵阐释

生态人（ecologic man）的行为特征是从人-社会-自然生态的复合系统视角出发，在尊重自然生态规律及其特征的基础上，实现人与自然生态的和谐共生。需要明确的是，生态理性并不是对传统经济理性的否定和排除，生态理性以其系统视角关注多利益相关者之间的共融利益，是对传统经济理性和社会结构理性的修正和拓展，是兼顾生态保护和社会经济发展的一种双重理性行为指引。

本书认为，水生态系统服务价值管理应秉持的生态理性内涵主要包括以下方面：①生态理性是理性地认识自然生态及其对人类社会的重要性，这是驱使人类重视和保护生态的有效动机。首先，人与自然生态是不可分割的。其次，自然界和自然规律是客观的，忽视客观性是生态危机的主要原因。生态理性要求我们必须尊重生态环境规律的客观性，避免盲目的人定胜天思维，用复杂系统的视角去剖析人-人、人-生态等多重关系，提炼生态价值与人类活动的关联，转而追求人与人、人与自然的和谐。②生态理性是采取理性的措施实现人与自然生态的可持续发展。对工业文明长期积累问题的反思驱使人类全面进入生态文明阶段，生态文明建设水平已然成为一个国家或地区综合实力的评判标准之一。这就要求生态人在资源配置和技术应用时严守生态边界约束，在最小的环境负外部性下进行流域发展活动。③生态理性是设定科学合理的监督管理机制对流域发展和生态保护实行有效的保障。首先，不同的人类主体具有不同的认知背景和价值观，不同区域又具备不同的人-生态矛盾属性，这决定了人类主体对生态系统重要性和生态保护必要性的认识是因人、因地而异的，因此，生态理性具备有限性。其次，流域空间系统和社会发展都具备波动性和循环性的特征，不同的利益主体对情境的变化采取的响应方式不同，理性生态人以动态思维对待发展和管理，避免了僵化或刚性的措施，对流域演变做出积极调整。因此，生态理性要求管理实践必须配套动态的监管和绩效评估机制，以调整和完善相应的流域（区域）多尺度空间管理措施。

综上所述，生态理性是生态人将理性认知人与自然生态的紧密联系，在生态约束前提下采取理性的、动态的、循环的理性发展和监管措施的一种有限理性假设。

3.3.2 水生态系统服务价值管理的经济学逻辑

水生态系统服务在安全保障、物质生活、健康以及社会与文化关系等方面影响人类的物质与精神需求，进一步对人类福祉产生深远的影响。借鉴马斯洛需求层次理论，基于人类需求与水生态系统服务供给之间的互耦联系，构造不同层次水生态系统服务供给与人类需求的响应关系模型，如图 3-3 所示。

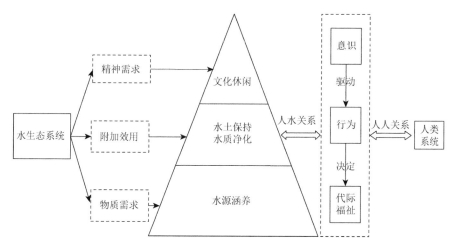

图 3-3　水生态系统服务供给与人类需求的响应关系模型

1. 水生态系统服务输出的层次结构

水生态系统服务的输出具有显著的层次结构，具体依次表现为物质需求层次、附加效用层次和精神需求层次三个层次，具体见 3.2.3 节。

2. 水生态系统服务供给与人类需求的差异性关系

人类对水生态系统发挥着主观能动作用，不同情境培育出差异化的意识观念，进而形成差异化的水生态系统服务利用方式。差异化的水生态系统服务利用方式对人类需求的影响包含当前和未来两个方面。对水生态系统的过度开发可能会暂时提高当前人类的物质福祉，但水生态系统服务的利用将是不可持续的，代价就是耗竭未来的水资源基础。若不兼顾代际公平，则可能会对未来的福祉状况造成损害，损害将在代际传递，最终诱发代际冲突。

3.3.3　水生态系统服务物质量影响机理分析

水生态系统服务管理的重要载体是土地利用方式，不同的土地利用方式对水生态系统服务物质量的影响具有差异，进一步对水生态系统各服务效用的发挥起到决定性的作用。土地利用方式的变化主要集中在林地、草地、湿地、水域、耕地等用地的变化上。土地利用方式对水生态系统服务物质量的影响如表 3-1 所示。

表 3-1　　土地利用方式对水生态系统服务物质量的影响

功能	林地	草地	湿地	水域	耕地	建设用地	城市绿地	裸地
水源涵养	+	+	+	+	−	−	+	−
水质净化	+	+	+	+	−	−	+	−
水土保持	+	+	+	+	−	−	+	−
文化休闲	−	−	−	−	−	+	+	−

　　不同土地利用方式的属性特征决定了其所承载的生境和资源是截然不同的，因此产生差异化的水生态系统服务物质量。同时，土地利用程度与水生态系统服务物质量之间也具有一定的相关性。一般情况下，土地利用程度与水生态系统服务物质量存在负效应：土地利用程度越高，区域的水生态系统服务物质量受干扰越大。具体而言，在人类干扰程度较小的水生态系统中，供给服务能力相对较弱，但是调节和支持服务能力较强；在人类适度干扰的水生态系统中，供给服务能力较强，调节与支持服务能力较弱；当人类干扰特别强烈，造成土地退化时，各种水生态系统服务类型都受到严重威胁。

　　对于林地、草地、湿地、水域，它们受人类活动干扰较小，其文化休闲服务能力较弱，但是水源涵养、水质净化、水土保持服务能力较强。对于耕地，其供给农产品能力较强，水源涵养、水质净化、水土保持、文化休闲服务能力相对较弱。对于建设用地，用地开发赋予其较强的文化休闲服务能力，但其水源涵养、水质净化、水土保持服务能力较弱。城市绿地为人类提供了较多的文化休闲服务物质量，水源涵养、水质净化、水土保持服务物质量也较多，但不具有较强的供给服务能力。对于裸地，其水源涵养、水质净化、水土保持、文化休闲服务能力均较弱。

3.3.4　水生态系统服务价值量影响机理分析

　　针对供需结构影响水生态系统服务价值量的内涵，可以从微观经济学角度对其进行分析。供需结构影响水生态系统服务价值量的经济学原理分析模型如图 3-4 所示。横轴为水生态系统服务物质量稀缺性系数 θ，表征水生态系统服务的供需关系，水生态系统服务物质量稀缺性系数 = 需求−供给，纵轴为水生态系统服务价值量。由图 3-4 可以发现，水生态系统服务物质量稀缺性系数与水生态系统服务价值量正相关，随着水生态系统服务物质量稀缺性系数的增大，水生态系统服务价值量呈现由慢变快再变慢的变速上升。

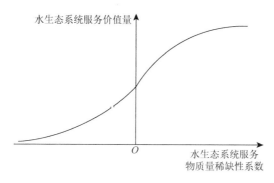

图 3-4　供需结构影响水生态系统服务价值量的经济学原理分析模型

水生态系统服务物质量稀缺性系数主要刻画了水生态系统服务物质量在地区的需求与供给关系。随着水生态系统服务物质量稀缺性系数的增大，水生态系统服务价值量也变大。当 $\theta = -\infty$ 时，水生态系统服务物质量的供给远大于需求，水生态系统服务物质量完全富余，此时，水生态系统服务价值量趋近 0；当 $\theta = 0$ 时，水生态系统服务物质量的供给完全满足需求，不存在水生态系统服务物质量短缺情况；当 $\theta = \infty$ 时，水生态系统服务物质量的供给完全无法满足需求，水生态系统服务物质量完全紧缺，此时，水生态系统服务价值量趋近一个较大的理想值，这一理想值是人类偏好影响下的水生态系统服务预期价值。

随着水生态系统服务物质量稀缺性系数的增大，水生态系统服务价值量的上升速度由慢变快再变慢。当 $\theta = -\infty$ 时，水生态系统服务物质量的需求远小于供给，水生态系统服务物质量稀缺性系数的变化引起的水生态系统服务价值量的变化量很小，此时，水生态系统服务物质量需求的微弱增加不会引起水生态系统服务价值量的大幅增加。当 $\theta = 0$ 时，水生态系统服务物质量的供需平衡，水生态系统服务物质量稀缺性系数的变化引起的水生态系统服务价值量的变化量最大，此时，水生态系统服务物质量需求的微弱增加会引起水生态系统服务价值量的大幅增加。当 $\theta = \infty$ 时，水生态系统服务物质量的供给远小于需求，水生态系统服务物质量稀缺性系数的变化引起的水生态系统服务价值量的变化量很小，此时，水生态系统服务物质量需求的微弱增加不会引起水生态系统服务价值量的大幅增加。

3.4　多尺度水生态系统服务价值流结构

本节从多尺度水生态系统服务价值概念界定出发，以经济学原理为基础，构建多尺度水生态系统服务价值管理的运作机制，主要包括多尺度水生态系统服务价值构架、多尺度水生态系统服务的物质流路径、多尺度水生态系统服务的价值流路径三部分。

3.4.1　多尺度水生态系统服务价值构架

多尺度水生态系统服务价值构架包括水资源从自然生成到服务价值产生，在产业主体之间进行配置，不同产业的水生态系统供需满足程度反馈给四大服务的全过程，如图 3-5 所示。

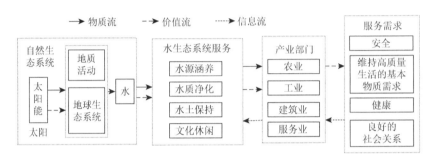

图 3-5　多尺度水生态系统服务价值构架

在太阳能和地球内部的地质活动的影响下，水的自然物理状态发生变化。不同空间分布、不同时间分布的水资源具备相应的功能服务，由各自的功能量构成相应的服务价值。水资源的物质量、价值量在水生态系统供应链中传递给相应的主体，主体对水资源服务价值的感知和满足程度促使相关主体采取政策或者工程措施来改变水资源在自然界存在的物理状态或者流通过程，进而满足自身对水生态系统服务的需求。政府建立健全相关主体之间的利益诉求和协调机制，满足生产和生活用水，兼顾自然环境的需求，给予自然环境充分的生态补水。水源涵养满足居民生活、牲畜饮水、工业生产和农业种植对水资源的需求。生态补水是在政策型政府的调控下，保证自然环境需水量，从而发挥水资源的水土保持和水质净化服务功能。水源涵养了土壤，地下水和地表水调蓄保护了当地的生态环境，从而保护了当地的物种多样性，维护了自然系统的物质循环。自然湖泊和河流能够在洪水来袭时削弱洪峰，起到调蓄洪水的作用。生态补水使水资源景观得到有效保护，提升了居民的生活质量，充分体现了水生态的文化。自然河道景观推动了地区生态旅游的发展，生态旅游的发展又推动了地区自然环境的保护，从而推动地区经济生态的发展，形成良性循环。

3.4.2　多尺度水生态系统服务的物质流路径

多尺度水生态系统服务的物质量包括数量和质量两个方面，从不同角度表明多

尺度水生态系统服务物质量的可利用程度。多尺度水生态系统服务的物质流如图 3-6
所示。

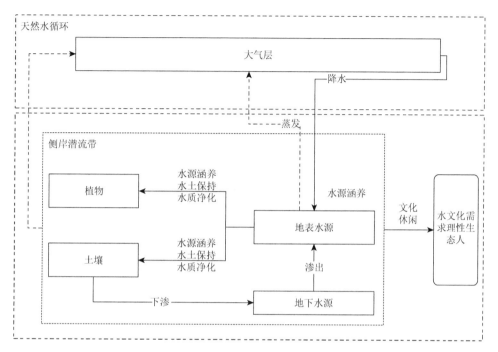

图 3-6 多尺度水生态系统服务的物质流

多尺度水生态系统服务物质流流动路径可以概括为以下方面：①来自侧岸潜
流带地表和地下的水资源、植物资源、土壤资源的流动；②天然水循环驱动下侧
岸潜流带水生态系统服务的流动，具体表现为水源涵养、水土保持、水质净化和
文化休闲服务的流动。其中，水源涵养服务物质量流动的核心机制是水资源的产、
汇、流机制，水土保持服务物质量流动的核心机制是水资源的产、汇、流机制以
及土壤、覆被的截流机制，水质净化服务物质量流动的机制是河流的自净机制以
及土壤、覆被的截流机制，文化休闲服务物质量流动的机制是人类对不同地理斑
块的认知映射机制。

3.4.3 多尺度水生态系统服务的价值流路径

多尺度水生态系统服务价值量是指多尺度水生态系统服务使用者为了获得多
尺度水生态系统服务使用权，需要支付给多尺度水生态系统服务所有者的货币额。
与水价不同，它是多尺度水生态系统服务本身所具有的价值。多尺度水生态系统服务只有进入社会经济系统才能表现出其价值流动，因此主要讨论商品多尺度水生态系统服务生命周期价值量的流动，如图 3-7 所示。

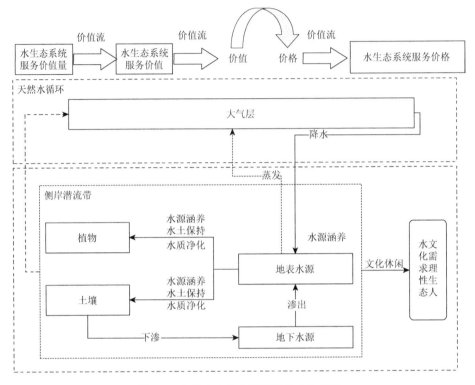

图 3-7　多尺度水生态系统服务的价值流

伴随着多尺度水生态系统服务物质量从侧岸潜流带、水源地向用户的流动，多尺度水生态系统服务的价值量也形成明显的流动。首先，侧岸潜流带、水源地的植物、土壤、地表水以及地下水供给的水生态产品具有多尺度水生态系统服务价值。其次，将加工处理好的水生态产品输送到用户那里，需要向用户收取费用。在这一环节，多尺度水生态系统服务价值转化为具体的水生态系统服务价格，多尺度水生态系统服务的价值通过服务和产品的创造发生了消耗、折损和转移。

3.5　本章小结

本章首先界定了生态系统、水生态系统服务以及多尺度水生态系统服务价值三个概念，然后分析了水生态系统服务价值管理的要素、特征及结构，水生态系统内的主体包括政府、市场、公众，客体是水生态系统水源涵养、水质净化、水土保持以及文化休闲服务，环境要素由水生态系统服务管理环境构成，水生态系统各要素通过错综复杂的互动关系耦合在一起。清晰界定水生态系统服务价值管理要素、明晰系统内部要素间关系之后，本章提出了有限理性生态人假设，并从马斯洛需求层次理论出发，分析了多尺度水生态系统服务的物质量和价值量的经济学原埋。最后，基于水生态系统要素分析、经济学原理分析，构造了多尺度水生态系统服务价值构架，并系统分析了多尺度水生态系统服务的物质流、价值流路径。

第4章 多尺度水生态系统服务价值测度模型

本章主要在多尺度条件下解构水生态系统服务的测度方法体系，从水生态系统服务的水源涵养、水质净化、水土保持以及文化休闲四个功能出发，构建适合水生态系统服务物质量与价值量测度的评估模型，并从时空尺度层面分析水生态系统服务的均衡状态，探索水生态系统服务价值量的价格体现方式。

4.1 水生态系统服务测度方法体系

本书从以下两个尺度测度水生态系统服务价值：①对象层面的尺度。自然与人类二元耦合尺度，即水生态系统服务价值是自然系统与人类系统从供需两侧对服务的物质量及价值量耦合作用的产物。②测度层面的尺度。时间与空间二维尺度，即从时间序列和空间分异两个维度测度水生态系统服务价值，揭示服务功能在特定的时空尺度上发挥功能效用、维持供需均衡的驱动因素。

围绕以上关于水生态系统服务价值测度尺度的解构，首先，本书从人类生产、生活直接利用的水、土资源着手，不考虑大气、矿物等人类间接利用的自然资源，也不考虑工程措施（如水利工程）和非工程措施（如资源的市场交易）对水、土资源施加的作用，从水-土-人耦合视角将水生态系统服务划分为水源涵养服务、水土保持服务、水质净化服务和文化休闲服务四大类。其次，构建水源涵养、水质净化、水土保持以及文化休闲服务物质量与价值量的测度模型，分析自然系统与人类系统对服务的物质量及价值量供需的耦合作用。再次，从时空尺度层面分析水生态系统服务的均衡状态，剖析服务功能在时空尺度上发挥功能效用、维持供需均衡的驱动因素。最后，提出水生态系统服务价值量的价格体现模型，探索水生态系统服务价值量的价格化路径。

目前，对生态系统服务进行定量化测度的方法主要分为物质量测度法、价值量测度法以及能值测度法。物质量测度法是从生态系统服务功能机制出发，采用适当的定量分析方法评价服务功能产生的物质量，生态系统的结构和过程则决定了其服务的物质量的动态水平。物质量测度法的结果具备客观和直观的特点，且生态系统服务的物质量仅与生态系统服务功能发挥状况有关，不会受由稀缺性导致的市场价格不一和波动的影响。因此，物质量测度法能够真实地反映生态过程和生态系统的可持续性。物质量测度法也有局限和不足：一是需要耗费大量的人力、物力和资金，以进行实验操作或获得用于测度的输入数据；二是由于不同生态系统服务的量纲、尺度效应不同，测度结果的解释具有较大困难。价值量测度法是从货币价值量的角度，采用直接或间接的经济学方法，对生态系统服务物质量进行货币化的过程。价值量测度法以经济价值为表现形式，既能实现不同生态系统服务间的纵向比较，又可以加总以进行不同生态系统服务间的横向比较，提升生态系统服务测度的实践意义。对于公众而言，由于认知水平参差不齐，价值量比物质量更易被公众判断，生态系统服务价值量的揭示有利于引起全社会对生态系统的重视，进而推动生态保护优先理念的普及。此外，价值量测度法是生态资源价值核算的重要手段，是生态资产纳入国民经济核算体系的前提，最终树立绿色 GDP 或生态系统生产总值（gross ecosystem product，GEP）的新标杆。生态系统服务价值评估方法主要可以分为三大类，即直接市场法、替代市场法和模拟市场法，如表 4-1 所示。

表 4-1　主要生态系统服务价值评估方法的比较

分类	评估方法	简述	特点
直接市场法	市场价值法	根据市场价格对生态系统服务的经济价值进行测度	客观、直观，数据需求高
	机会成本法	用保护生态系统而造成的市场部门收益损失衡量生态系统服务价值	资源稀缺性影响大
	恢复费用法	用恢复生态系统的费用替代生态系统服务价值	费用统计难度大，评估结果仅为最低值
	防护费用法	用防护生态系统免受破坏的费用估算生态系统服务价值	
	影子工程法	用人工工程建造费用替代生态系统服务价值	替代工程非唯一性影响大
	人力资本法	通过个人对社会的潜在贡献估算环境变化对人体健康影响的损失	伦理道德基础上存在缺陷
替代市场法	旅行费用法	以生态系统服务消费者的支出衡量生态系统服务价值	适合使用价值测度
	享乐价值法	利用物品特性的潜在价值估算环境因素对房地产价格的影响	主观性强
模拟市场法	意愿调查法	以问卷征询的方式诱导公众提出为保存和改善生态系统服务非使用价值而愿意支付的费用，确定无法市场化的生态系统服务价值	适合非使用价值占比高的独特景观和文物古迹价值，但可信度略低

此外，奥德姆（Odum）等又提出了以能值为基础的生态系统服务测度方法，即能值测度法，其定义为在生产一种产品或服务的全过程中，将所使用的各种类型的能量用某一种能量表示的当量。实际应用中，通常以太阳能焦耳度量不同类别能量的能值。某种资源、产品或服务的太阳能值就是其形成过程中直接或间接应用的太阳能焦耳总量。能值测度法把自然生态系统与人类社会经济系统统一起来，定量分析生态系统给人类提供的产品与服务，有助于调整生态环境与经济发

展的关系，对自然资源的科学评估和合理利用、经济发展政策的制定及地球系统未来的预测均有指导意义，为人类认识世界提供了一个重要的度量标准。但生态系统服务的能值转换率计算分析非常复杂，且部分服务或产品很难与太阳能值挂钩，因此计算难度较大。此外，能值仅仅反映物质生产过程中消耗的太阳能值，未考虑公众服务需求性，即无法体现生态系统服务的稀缺性，因此没有得到广泛应用。

本书对于流域水生态系统服务采取在物质量测度法基础上的货币化进行测度。然而，不同的生态系统服务的产生机制、流转特征及消费偏好存在不同程度的差异，这导致不同的生态系统服务测度方法必然不同。直接使用价值主要是由商品型生态系统服务产生的，可采用市场价值法、旅行费用法、恢复费用法等价值评估方法；间接使用价值主要是由服务型生态系统服务产生的，可采用机会成本法、享乐价值法、意愿调查法等价值评估方法；选择价值是在直接使用价值和间接使用价值基础上产生的，可采用意愿调查法评估；非使用价值则包括存在价值和遗产价值，其仅仅因生态系统的存在而产生，只能用意愿调查法来揭示其价值。

4.2　水生态系统服务物质量测度模型

本书改进生态系统服务和权衡的综合评估（integrated valuation of ecosystem services and trade-offs，InVEST）模型中的产水（water yield，WY）模块、营养物输出率（nutrient delivery ratio，NDR）模块、沉积物输出率（sediment delivery ratio，SDR）模块，分别测度水源涵养服务、水质净化服务及水土保持服务物质量。针对文化休闲服务，本书则以条件指标视角改进 Larondelle 等提出的方法得到文化休闲服务物质量测度模型[128]。四项水生态系统服务物质量测度的具体模型如下。

4.2.1　水源涵养服务物质量测度

1. 供给测度

水源涵养服务是维系生物多样性和支持其他生态系统服务持续供给的重要物质基础，加强和维护水源涵养服务是应对全球气候变化和水资源短缺问题的重要任务。水源涵养服务是植被冠层、枯枝落叶层和土壤层对降水进行再分配的复杂过程。植被以其繁茂的植被冠层、枯枝落叶层和疏松而深厚的土壤层构建了截留、吸收和储存大气降水的良好环境，发挥陆地生态系统的水源涵养服务，起到削弱降水侵蚀力、改善土壤结构、削减洪峰流量、减少地表径流、调节河川流量等作用。因此，水源涵养服务主要表现为植被冠层截留降水、枯枝落叶层涵水和土壤层储水三个方面。常用的评估方法有水量平衡核算法、降水存储法、多因子回归法、InVEST 模型中的 WY 模块、元胞自动机模型等方法。

本书选取 InVEST 模型中的 WY 模块计算产水量，并考虑径流因素等对产水量的消耗，最终计算得到实际水源涵养量。WY 模块利用水量平衡思想，基于 Budyko 水热耦合平衡原理与年均降水量，结合气候、地形和森林景观类型，计算得出每个栅格的水源涵养量，年水源涵养量计算公式如下：

$$Y_{ij} = \left(1 - \frac{\mathrm{AET}_{ij}}{P_i}\right) \cdot P_i \tag{4-1}$$

其中，Y_{ij} 为 j 类土地利用在栅格 i 上的年水源涵养量，mm；AET_{ij} 为 j 类土地利用在栅格 i 上的实际蒸发散量，mm；P_i 为栅格 i 上的年降水量，mm。

对于不同的土地利用类型，蒸发散系数分两种方式进行计算。

（1）针对植被覆盖用地类型（如林地、草地、湿地、耕地、城市绿地）：

$$\frac{\mathrm{AET}_{ij}}{P_i} = 1 + \frac{\mathrm{PET}_{ij}}{P_i} - \left[1 + \left(\frac{\mathrm{PET}_{ij}}{P_i}\right)^{\omega_i}\right]^{\frac{1}{\omega_i}} \tag{4-2}$$

其中，PET_{ij} 为 j 类土地利用在栅格 i 上的潜在蒸发散量，mm；ω_i 为表征气候-土壤属性的非物理参数。

$$\mathrm{PET}_{ij} = K_j \mathrm{ET}_{0,i} \tag{4-3}$$

其中，$\mathrm{ET}_{0,i}$ 为栅格 i 上的参考蒸发散量，mm；K_j 为 j 类土地利用所对应的植被蒸发散系数。

$$\omega_i = Z \cdot \frac{\mathrm{AWC}_{ij}}{P_i} + 1.25 \tag{4-4}$$

其中，Z 为经验常数，代表降水与水文关系；P_i 为栅格 i 上的年降水量，mm；AWC_{ij} 为 j 类土地利用在栅格 i 上的植被涵水量，mm，计算方法如下：

$$\mathrm{AWC}_{ij} = \mathrm{Min}(\mathrm{Rest\_layer\_depth}_i, \ \mathrm{Root\_depth}_i) \cdot \mathrm{PAWC}_{ij} \tag{4-5}$$

其中，$\mathrm{Rest\_layer\_depth}_i$ 为栅格 i 上的植被根部最大触及深度，mm；$\mathrm{Root\_depth}_i$ 为栅格 i 上的植被根部实际深度，mm；PAWC_{ij} 为 j 类土地利用在栅格 i 上的土壤有效水含量，mm。

土壤有效水含量（plant available water content，PAWC）是指田间植物持水量和永久萎蔫系数之间的差值，即植被吸收与散发的水分之差。采用基于土壤质地（粉粒、砂粒、黏粒）和土壤有机质数据的非线性拟合经验公式计算得

$$\begin{aligned} \mathrm{PAWC}_{ij} = {} & 54.509 - 0.132\mathrm{sand} - 0.003\mathrm{sand}^2 - 0.005\mathrm{silt} \\ & - 0.006\mathrm{silt}^2 - 0.738\mathrm{clay} + 0.007\mathrm{clay}^2 - 2.688\mathrm{OM} + 0.501\mathrm{OM}^2 \end{aligned} \tag{4-6}$$

其中，sand 为土壤中砂粒含量；silt 为土壤中粉粒含量；clay 为土壤中黏粒含量；OM 为土壤中有机质含量。

（2）针对非植被覆盖用地类型（如水域、建设用地、裸地）：

$$\text{AET}_{ij} = \text{Min}\left(K_j \cdot \text{ET}_{0,i}, P_i\right) \tag{4-7}$$

其中，$\text{ET}_{0,i}$ 为栅格 i 上的参考蒸发散量，mm；K_j 为 j 类土地利用所对应的植被蒸发散系数；P_i 为栅格 i 上的年降水量，mm。

在产水量结果的基础上，去除径流消耗，从而得到栅格 i 上的实际水源涵养量：

$$\begin{cases} Y_i^R = Y_{ij} - \text{Runoff}_{ij} \\ \text{Runoff}_{ij} = P_i \times \text{RI}_{ij} \end{cases} \tag{4-8}$$

其中，Y_i^R 为栅格 i 上的实际水源涵养量，mm；Runoff_{ij} 为 j 类土地利用在栅格 i 上的径流，mm；RI_{ij} 为 j 类土地利用在栅格 i 上的径流系数；Y_{ij} 为 j 类土地利用在栅格 i 上的年水源涵养量，mm；P_i 为栅格 i 上的年降水量，mm。

2. 需求测度

水源涵养服务的需求采用用水量指标来表征。按照我国水资源公报中的用水量分类标准，生活用水、生产用水和生态用水总和即水资源需求总量。因此，本书利用栅格 i 上的人均用水量、人口密度计算得栅格 i 上的水源涵养服务需求量：

$$D_{\text{water},i} = \rho_i \cdot \text{wu}_{\text{per},i} \tag{4-9}$$

其中，ρ_i 为栅格 i 上的人口密度，人/hm²；$\text{wu}_{\text{per},i}$ 为栅格 i 上的人均用水量，m³/人。

4.2.2 水质净化服务物质量测度

1. 供给测度

氮、磷污染是流域水质恶化的主要原因之一。因此，本书利用生态系统对氮、磷的截留能力表征流域内的水质净化服务功能，并选取 InVEST 模型中的 NDR 模块刻画氮、磷流动全过程，以测度水质净化服务的供给量。该模块估算植被和土壤对径流中总氮、总磷的滤除量及栅格的最终总氮、总磷输出量，反映不同的土地利用类型在水质净化过程中的贡献。氮、磷截留量越大，水质净化服务功能越强，即服务供给量越高。

根据不同土地利用类型的氮、磷输出系数（负荷）的经验数据，通过降水径流潜力，可修正得到随径流（地表径流及地下径流）流动的氮、磷物质量，以此作为水质净化服务实际作用的初始氮、磷负荷：

$$\text{modified\_load}_{ij} = \text{load}_{ij} \text{RPI}_i \tag{4-10}$$

$$
\begin{cases}
\text{load}_{\text{surf},i} = \left(1 - \text{proportion\_subsurface}_i\right) \cdot \text{modified\_load}_{ij} \\
\text{load}_{\text{subs},i} = \text{proportion\_subsurface}_i \cdot \text{modified\_load}_{ij}
\end{cases}
\tag{4-11}
$$

其中，$\text{load}_{\text{surf},i}$、$\text{load}_{\text{subs},i}$ 分别为地表径流和地下径流中的氮、磷含量，kg；$\text{proportion\_subsurface}_i$ 为地表/地下氮、磷负荷比例；$\text{modified\_load}_{ij}$ 为 j 类土地利用在栅格 i 上的氮、磷修正负荷量，kg；load_{ij} 为 j 类土地利用在栅格 i 上的氮、磷参考负荷量，kg；RPI_i 为栅格 i 上的径流指数。

栅格 i 上的径流指数为

$$
\text{RPI}_i = \frac{\text{RP}_i}{\text{RP}_a}
\tag{4-12}
$$

其中，RP_i 为栅格 i 上的径流；RP_a 为栅格 i 上的平均径流。

栅格 i 上的氮、磷传递指数为

$$
\text{NDR}_i = \text{NDR}_{0,i} \left[1 + \exp\left(\frac{\text{IC}_i - \text{IC}_0}{2} \right) \right]
\tag{4-13}
$$

其中，IC_i 为水文连通指数；IC_0 为水文连通校准指数；$\text{NDR}_{0,i}$ 取决于栅格 i 上径流路径上的最大截留效率 Maxeff_i。

$$
\text{NDR}_{0,i} = 1 - \text{Maxeff}_i
\tag{4-14}
$$

$$
\text{Maxeff}_i =
\begin{cases}
\text{eff}_i \times (1 - s_i), & \text{水体} \\
\text{eff}_{\text{down}} \times s_i + \text{eff}_i \times (1 - s_i), & \text{eff}_i > \text{eff}_{\text{down}} \\
\text{eff}_{\text{down}}, & \text{其他}
\end{cases}
\tag{4-15}
$$

其中，eff_i 为栅格 i 所能达到的最大截留效率；eff_{down} 为栅格 i 路径下游区域对其的截留效率；s_i 为栅格 i 的坡度，由水流距离和截留长度来决定：

$$
s_i = \exp\left(\frac{-5 l_{i_{\text{down}}}}{l_{\text{LULC}_i}} \right)
\tag{4-16}
$$

其中，$l_{i_{\text{down}}}$ 为栅格 i 与其下游相邻栅格间的水流距离，m；l_{LULC_i} 为栅格 i 上的土地利用类型所对应的截留长度，m。

水文连通指数 IC_i 由地形结构决定：

$$
\text{IC}_i = \lg\left(\frac{D_{\text{up}}}{D_{\text{dn}}} \right)
\tag{4-17}
$$

$$
D_{\text{up}} = \bar{s}\sqrt{A}, \quad D_{\text{dn}} = \sum_i \frac{d_i}{s_i}
\tag{4-18}
$$

其中，D_{up} 为栅格 i 上坡贡献区域地形指数；$\bar{s}$ 为栅格 i 的上坡贡献区域平均坡度；A 为栅格 i 的上坡贡献区域面积，m^2；D_{dn} 为栅格 i 下坡贡献区域地形指数；d_i 为水流经栅格 i 后沿最大坡度流经的水流长度，m；s_i 为栅格 i 的坡度。

经栅格 i 最终排放入河流的氮、磷总量则由上述计算流程得到的 $\text{load}_{surf,i}$、$\text{load}_{subs,i}$ 与 NDR_i 来表示：

$$\begin{cases} X_{export_i} = \text{load}_{surf,i}\text{NDR}_{surf,i} + \text{load}_{subs,i}\text{NDR}_{subs,i} \\ X_{export_{tot}} = \sum_i X_{export_i} \end{cases} \quad (4\text{-}19)$$

其中，X_{export_i} 为栅格 i 对应排放入河流的营养物总量，kg；$X_{export_{tot}}$ 为区域对应排放入河流的营养物总量，kg。

2. 需求测度

水质净化服务需求量采用氮、磷输出系数与国家污水排放标准浓度的差值来表征。因此，利用特定土地利用类型上的氮、磷输出系数与国家污水排放标准中氮、磷含量限制浓度的差值计算该土地利用类型的水质净化服务需求物质量，进而结合氮、磷净化处理成本计算得需求量：

$$\eta_{N/P,i} = (\text{load}_i - \text{permit}_i)\text{dis}_i \quad (4\text{-}20)$$

其中，load_i 为栅格 i 上的氮、磷输出系数；permit_i 为栅格 i 上的国家污水排放标准中氮、磷含量限制浓度；load_i 和 permit_i 按不同土地利用类型划分，并参考经验数据获得；dis_i 为栅格 i 上的污水排放总量，L。

4.2.3　水土保持服务物质量测度

1. 供给测度

土壤侵蚀是全球严重生态环境问题之一。水土保持服务功能不仅影响土壤肥力、土壤涵蓄水能力，而且能够避免土壤过度侵蚀导致的水土流失、气候环境恶劣，以及对生态系统的不利影响等问题。本书选取 InVEST 模型中的 SDR 模块来评估生态系统对因降水冲刷后流失的土壤的截留能力，即水土保持服务的供给能力。

首先，根据改进的全球土壤流失公式计算栅格 i 上的土壤流失量：

$$\text{usle}_i = R_i K_i \text{LS}_i C_i \delta_i \quad (4\text{-}21)$$

其中，R_i 为栅格 i 上的降水侵蚀力；K_i 为栅格 i 上的土壤可侵蚀指数；LS_i 为栅格 i 上的坡度梯度因子；C_i 为栅格 i 上的农作物管理因子；δ_i 为栅格 i 上的支持实践因子。

降水侵蚀力利用气象站常规降水统计资料来评估计算。目前，降水侵蚀力简易算法多表现为幂函数结构形式。本书根据年降水量估算降水侵蚀力，其简易算法模型为

$$R_i = \alpha P_i^{\beta} \tag{4-22}$$

其中，P_i 为栅格 i 上的年降水量，mm；R_i 为栅格 i 上的降水侵蚀力；α、β 为模型参数，根据相关研究成果，$\alpha = 0.0668$，$\beta = 1.6266$ 时的拟合度较好，结合降水侵蚀力时空分布特征，本书设定 $\alpha = 0.0668$，$\beta = 1.6266$。

本书采用侵蚀-生产力影响评价（erosion productivity impact calculator，EPIC）模型中的 K 作为衡量土壤可侵蚀性的指标。EPIC 模型中的 K 主要通过土壤有机碳和粒径组成数据来计算：

$$K = \left\{ 0.2 + 0.3\exp\left[-0.0256\text{sand}(1 - \text{silt}/100) \right] \right\} \left(\frac{\text{silt}}{\text{clay} + \text{silt}} \right)^{0.3}$$

$$\times \left[1 - \frac{0.25C}{C + \exp(3.72 - 2.95C)} \right] \left[1 - \frac{0.7\text{SN1}}{\text{SN1} + \exp(-5.51 + 22.9\text{SN1})} \right] \tag{4-23}$$

其中，sand 为砂粒含量；silt 为粉粒含量；clay 为黏粒含量；C 为有机碳含量，等于有机质含量除以 1.724；$\text{SN1} = 1 - \text{sand}/100$。

与 NDR 模块类似，SDR 模块也从传递指数的角度来刻画水土保持服务功能，沉积物传递指数计算公式如下：

$$\text{SDR}_i = \frac{\text{SDR}_{\max}}{1 + \exp\left(\dfrac{\text{IC}_0 - \text{IC}_i}{k} \right)} \tag{4-24}$$

其中，SDR_i 为栅格 i 上的沉积物传递指数；$\text{SDR}_{\max}$ 为最大理论 SDR_i；IC_i 为水文连通指数；IC_0 为水文连通校准指数；k 为校准参数。

水文连通指数为

$$\text{IC} = \lg\left(\frac{D_{\text{up}}}{D_{\text{dn}}} \right)$$

$$D_{\text{up}} = \overline{C}\overline{s}\sqrt{A} \tag{4-25}$$

$$D_{\text{dn}} = \sum_i \frac{d_i}{C_i s_i} \tag{4-26}$$

其中，D_{up} 为栅格 i 上坡贡献区域地形指数；$\overline{C}$ 为栅格 i 的上坡贡献区域平均农作物管理因子；$\overline{s}$ 为栅格 i 的上坡贡献区域平均坡度；A 为栅格 i 的上坡贡献区域面积，m^2；D_{dn} 为栅格 i 下坡贡献区域地形指数；d_i 为水流经栅格 i 后沿最大坡度流经的水流长度，m；C_i 为栅格 i 上的农作物管理因子；s_i 为栅格 i 的坡度。

栅格 i 所对应的沉积物最终输出量 $Export_i$ 则由土壤流失量 $usle_i$ 和沉积物传递指数 SDR_i 决定：

$$\begin{cases} Export_i = usle_i \cdot SDR_i \\ Export_{tot} = \sum_i Export_i \end{cases} \qquad （4-27）$$

其中，$Export_{tot}$ 为区域沉积物输出总量，t。

2. 需求测度

水土保持服务的需求从允许土壤流失量的角度进行度量。允许土壤流失量是指土壤侵蚀速率与成土速率相平衡，或长时期内保持土壤肥力和生产力不下降情况下的最大土壤流失量。SL 190—2007《土壤侵蚀分类分级标准》中，黄土区、土石山区和石灰岩山区的允许土壤流失量分别为 $1000t/(km^2 \cdot a)$、$500t/(km^2 \cdot a)$ 和 $200t/(km^2 \cdot a)$。目前国际上广泛采用的允许土壤流失量为 $1100t/(km^2 \cdot a)$。因此，本书将土壤流失量与允许土壤流失量的差值设定为水土保持服务的需求量：

$$D_{soil,i} = usle_i - loss_{pmt,i} \qquad （4-28）$$

其中，$D_{soil,i}$ 为栅格 i 上的水土保持服务需求量，t；$usle_i$ 为栅格 i 上的土壤流失量，t；$loss_{pmt,i}$ 为栅格 i 上的允许土壤流失量，t。

4.2.4　文化休闲服务物质量测度

1. 供给测度

Costanza 等[129]指出游憩休闲和文化服务，包括生态系统的美学、艺术、教育、精神及科学价值，是生态系统服务功能的重要组成部分。世界保护监测中心（World Conservation Monitoring Center，WCMC）将生态系统服务指标分为 5 类，对于文化休闲服务而言，其具体的测度指标如表 4-2 所示。

表 4-2　生态系统文化休闲服务测度指标

指标类型	定义	具体指标
条件指标	关于一个地区物理、化学、生物属性的指标，用以度量该地区支撑生态系统过程和提供文化休闲服务的能力	娱乐用地、设施的数量；人均绿地面积；生物多样性指数
功能指标	表征生态环境与提供服务能力间关系，反映生态系统提供文化休闲服务过程的指标	自然景观的视野范围；享受安静的机会；自由空间感受；娱乐休闲区的可达性

指标类型	定义	具体指标
中间服务指标	衡量生态系统所提供产品数量或质量的指标。这些产品对人类福祉十分重要,是非直接消费品	自然风景区道路的数量
收益指标	度量有形产品的指标。这些产品由生态系统提供,直接被人类消费。此项指标大多可作为国家统计指标的一部分	景点营业收入
影响指标	用以描述某一范围内人类获取的物质、经济和精神福祉,以及获取方式的指标	游览人群的经济水平、文化水平

本书以条件指标视角,参考拉伦德尔(Larondelle)提出的方法,通过改进得到文化休闲服务物质量测度模型。选取单位居民绿色休闲区面积来定量表征文化休闲服务,居民绿色休闲区是指所有未封闭的开放和绿色空间,有助于当地居民的文娱休闲活动。该类区域可快速且容易获得,因而较易满足体力或经济上都有较低流动性的人群。考虑数据可得性和计算可行性,本书简单地将林地、草地及湿地作为居民绿色休闲区,居民绿色休闲区面积为

$$A_{\text{green\_space}} = A_{\text{forest}} + A_{\text{grassland}} + A_{\text{wetland}} \tag{4-29}$$

其中, $A_{\text{green\_space}}$ 为居民绿色休闲区面积,m^2; A_{forest} 为林地面积,m^2; $A_{\text{grassland}}$ 为草地面积,m^2; A_{wetland} 为湿地面积,m^2。

分别计算每个栅格中单位居民绿色休闲区面积,进而采用克里金空间插值法得到研究区居民绿色休闲区面积的空间分布情况:

$$\overline{A}_{\text{green\_space}} = A_{\text{green\_space}} / A_i \tag{4-30}$$

其中, $\overline{A}_{\text{green\_space}}$ 为栅格 i 上的单位居民绿色休闲区面积,m^2; $A_{\text{green\_space}}$ 为居民绿色休闲区面积,m^2; A_i 为栅格 i 上的面积,m^2。

2. 需求测度

文化休闲服务的需求量基于人均绿色休闲区拥有量进行测度。因此,本书采用式(4-31)计算文化休闲服务需求量:

$$D_{\text{gre},i} = \rho_i \cdot \text{Gre}_{\text{per},i} \tag{4-31}$$

其中, ρ_i 为栅格 i 上的人口密度,人/hm^2; $\text{Gre}_{\text{per},i}$ 为栅格 i 上的人均绿色休闲区拥有量目标值,hm^2/人。

4.3 水生态系统服务价值量测度模型

根据 2.1.1 节中对生态系统服务经济属性的界定,参评的四种水生态系统服务可作如下分类:①准公共物品,包括水源涵养、水质净化、水土保持服务;②纯

公共物品，包括文化休闲服务。在明晰水生态系统服务经济属性的基础上，本书分别构建以下模型测度水生态系统服务的价值量。

4.3.1　水源涵养服务价值量测度

水源涵养服务的定价采用影子工程价格替代。本书具体借鉴水利工程造价作为水源涵养服务的影子工程价格，水源涵养服务价值量测度模型如下：

$$ESV_{wc} = P_{wc} \cdot ES_{wc} \qquad (4-32)$$

其中，ESV_{wc} 为水源涵养服务价值量，元；P_{wc} 为水库建设单位库容投资，元/m³；ES_{wc} 为水源涵养服务物质量，m³。

水利工程为固定资产投资，需要通过社会折现率和水库使用年限折算为年金价值，计算公式如下：

$$V_a = ESV_{wc} \cdot \frac{p(1+i)^t}{[(1+p)^t - 1]} \qquad (4-33)$$

其中，V_a 为水源涵养服务的年金价值，元；ESV_{wc} 为水源涵养服务价值量，元；p 为社会折现率；t 为水库使用年限。社会折现率和水库使用年限分别按 10%和 20 年计算。

4.3.2　水质净化服务价值量测度

水质净化服务的定价采用污染防治成本法。本书具体利用污水处理厂净化过程中氮、磷去除成本作为水质净化服务的价格，水质净化服务价值量测度模型如下：

$$ESV_{wp} = P_{wp} \cdot ES_{wp} \qquad (4-34)$$

其中，ESV_{wp} 为水质净化服务价值量，元；P_{wp} 为氮、磷去除成本，元/kg；ES_{wp} 为水质净化服务物质量（氮、磷截留量），kg。

4.3.3　水土保持服务价值量测度

假设流失的土壤可通过挖取他处土方进行填补的方法来修复[130-132]，因此，水土保持服务的定价采用替代工程法。本书具体采用挖取单位土方费用作为水土保持服务的价格，水土保持服务价值量测度模型如下：

$$ESV_{sr} = P_{sr} \cdot ES_{sr} \qquad (4-35)$$

其中，ESV_{sr} 为水土保持服务价值量，元；P_{sr} 为挖取单位土方费用，元/m³；ES_{sr} 为水土保持服务物质量，m³。

4.3.4　文化休闲服务价值量测度

本书探讨的文化休闲服务因其纯公共物品属性不同于其他服务，直接或间接市场法都无法最好地体现其价值。条件价值法（contingent valuation method，CVM）又称意愿调查法，是一种利用效用最大化原理，通过征询问题的方式诱导人们对公共物品的偏好，并导出人们对此物品的保存和改善的支付意愿（willingness to pay，WTP），从而最终获得公共物品经济价值的研究方法。条件价值法是一种典型的陈述偏好评估法，即在假想市场情况下，直接调查和询问人们对某一环境效益改善或资源保护的支付意愿。它可以衡量环境物品的使用价值和非使用价值，普遍运用于缺乏实际市场和替代市场商品的价值评估，是经济学中对公共物品进行价值评估的最理想方法。因此，本书利用条件价值法对文化休闲服务价值量进行测度。

通过问卷调查设计、问卷调查实施、调查数据分析，获得公众对于文化休闲服务的平均支付意愿，即确定文化休闲服务的价格。文化休闲服务价值量测度模型如下：

$$ESV_{cul} = P_{cul} \cdot ES_{cul} \qquad (4\text{-}36)$$

其中，ESV_{cul} 为文化休闲服务价值量，元；P_{cul} 为公众对文化休闲服务的平均支付意愿，元/m²；ES_{cul} 为文化休闲服务物质量，m²。

4.4　水生态系统服务价值的价格均衡系数

4.4.1　水生态系统服务权衡关系分析模型

水生态系统管理与决策的关键依据之一就是不同生态系统服务间的相关性，可总结为协同关系与权衡关系[133]。协同是指某一种生态系统服务的增加会对其他生态系统服务产生一定的增益作用；权衡是指不同生态系统服务之间处于此消彼长的状态[134]。皮尔逊（Pearson）相关系数是一种定量衡量变量之间相关关系的常用统计学方法。本书基于水生态系统服务供需测度结果，进行两两水生态系统服务间的 Pearson 相关系数 $r_{1,2}$ 计算，以量化水生态系统服务间的协同或权衡关系，具体计算公式如下：

$$r_{1,2} = \frac{\text{Cov}(ES_1, ES_2)}{\sqrt{\text{Var}(ES_1) \times \text{Var}(ES_2)}} = \frac{\sum_{i=1}^{n}\left(ES_{1i} - \overline{ES_1}\right)\left(ES_{2i} - \overline{ES_2}\right)}{\sqrt{\sum_{i=1}^{n}\left(ES_{1i} - \overline{ES_1}\right)^2 \sum_{i=1}^{n}\left(ES_{2i} - \overline{ES_2}\right)^2}} \qquad (4\text{-}37)$$

其中，ES_1、ES_2 分别为参评的一对水生态系统服务价值经标准化后的数值；$\text{Cov}(\cdot)$ 和 $\text{Var}(\cdot)$ 分别为协方差和方差符号。

4.4.2　水生态系统服务匹配度分析模型

水生态系统服务的供给与需求具有显著的空间异质性，反映为空间不匹配[30]。本书通过供需指数（supply-demand index，SDI）来刻画水生态系统服务状态，SDI > 0 表示供给大于需求，即盈余状态；SDI = 0 表示供给等于需求，即供需平衡状态；SDI < 0 表示供给小于需求，即赤字状态，具体计算公式如下：

$$SDI_i = \frac{ES_{\text{supply},i} - ES_{\text{demand},i}}{ES_{\text{supply},i} + ES_{\text{demand},i}} \qquad (4\text{-}38)$$

其中，SDI_i 为栅格 i 上的水生态系统服务供需指数；$ES_{\text{supply},i}$ 为栅格 i 上的水生态系统服务供给量；$ES_{\text{demand},i}$ 为栅格 i 上的水生态系统服务需求量。

4.4.3　水生态系统服务价值的公平指标

土地利用结构及其变化决定了生态系统格局和过程的演化，导致生态系统服务在空间分布上具有显著的非均衡性。基尼系数（Gini index）在经济领域能够很好地体现资源或收益分配的公平性，同时，已有研究证实，洛伦兹曲线（Lorenz curve）与基尼系数可作为分析区域生态系统服务空间均衡状态的量化工具[135, 136]。洛伦兹曲线是由美国统计学家洛伦兹提出的反映一个国家或地区收入或财富分配非均衡程度的曲线（图 4-1）。

图 4-1 中，*OB* 称为收入绝对平均线，*OB* 上任一点表明某一百分比的人口在收入分配中获得相同百分比的收入；*OAB* 称为收入绝对不平均线，表示所有成员中除 1 人外其余收入都为零；*OCB* 称为收入不平均线，即实际收入分配曲线。*OCB* 与 *OB* 差距越大，说明越不平均。

意大利经济学家基尼以洛伦兹曲线为基础经进一步量化提出基尼系数，它等于收入绝对平均线与实际收入分配曲线围成的面积与收入绝对平均线下直角三角形面积之比，即

$$\text{Gini} = S_a / (S_a + S_b) \tag{4-39}$$

其中，S_a 为洛伦兹曲线与收入绝对平均线之间的面积；S_b 为洛伦兹曲线与收入绝对不平均线之间的面积，取值为[0, 1]。Gini 越大，表示收入分配越不平均。

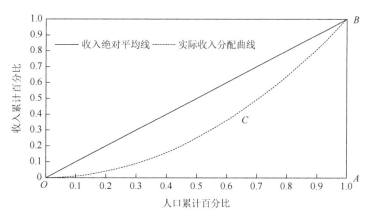

图 4-1　收入分配的洛伦兹曲线

土地利用方式对生态系统服务功能的发挥及服务的产生起决定性作用。根据基尼系数的内涵，本书假设基于一定比例的土地利用面积有相同比例的水生态系统服务相匹配，此时，水生态系统服务在空间上视为绝对公平状态。因此，本书构建土地利用面积与水生态系统服务间的空间洛伦兹曲线，如图 4-2 所示，进而计算得到相应的空间基尼系数，从而反映水生态系统服务价值的公平特征。

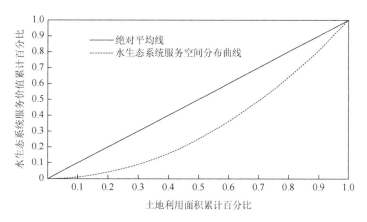

图 4-2　水生态系统服务价值的洛伦兹曲线

水生态系统服务价值空间基尼系数计算步骤如下。

（1）将研究区域划分为 N 个子区域，以水生态系统服务物质量为基本匹配原象，以土地利用面积为匹配对象。

（2）以单位水生态系统服务所需的土地利用面积作为要素匹配水平分级指标，并将 N 个子区域按该指标从低到高排序。

（3）分别计算 N 个子区域水生态系统服务占研究区域水生态系统服务总量的比例，并依照步骤（2）中的排序计算累计百分比。

（4）定义横轴为各子区域的土地利用面积累计百分比，纵轴为各子区域某水生态系统服务价值累计百分比，由此构成绝对平均线。水生态系统服务的空间洛伦兹曲线与绝对平均线距离越近，表示水生态系统服务在空间上分布越均衡。

（5）计算水生态系统服务的空间基尼系数。对洛伦兹曲线拟合曲线方程，然后对[0, 1]的曲线方程进行积分，即可求得面积，进而求得基尼系数。基尼系数越大，表明水生态系统服务价值的空间分布越不公平。当基尼系数小于 0.2 时，水生态系统服务价值的空间分布"绝对公平"；当基尼系数为[0.2, 0.3)时，水生态系统服务价值的空间分布"比较平均"；当基尼系数为[0.3, 0.4)时，水生态系统服务价值的空间分布"相对合理"；当基尼系数为[0.4, 0.5)时，水生态系统服务价值的空间分布"差距较大"；当基尼系数大于 0.5 时，水生态系统服务价值的空间分布"悬殊"。

4.4.4　水生态系统服务价值的效率指标

地理学第一定律表明，任何事物与其他事物间都是相关的。空间上的地理数据受制于空间集聚和空间扩散，故单元之间不存在绝对意义上的孤立，必是存在空间相关的。空间自相关是同一区域内观测数据间相互依赖性的变量，通常把这种依赖称为空间依赖，是某要素的属性值与相邻的属性值是否显著关联的重要检验指标。空间正相关表示空间上分布邻近的事物的属性值具有相同的变化趋势和取值；空间负相关则表示空间上分布邻近的事物的属性值具有相反的变化趋势和取值。

探索性空间数据分析（exploratory spatial data analysis，ESDA）技术能够准确地判断某事物在区域间是否存在空间自相关关系。ESDA 技术是数据驱动下的一系列空间数据分析方法和技术的集合，技术核心为空间关联性测度（spatial association measures，SAMS），通过对事物或现象空间分布格局的描述与可视化，发现空间集聚和空间异常，揭示研究对象之间的空间相互作用机制，是检验某一要素属性值是否与其相邻空间点上的属性值相关联的重要指标。ESDA技术主要包括空间权重矩阵的构建、全局空间自相关和局部空间自相关的度量、利用莫兰（Moran）散点图及空间关联局部指标（local indicators of spatial association，LISA）集聚图等识别空间关联模式等。根据分析范围，分为全局空间自相关分析与局部空间自相关分析。全局空间自相关分析描述观测值的整体分布，判断观测值在空间上是否存在集聚特性。局部空间自相关分析度量每个区域与周边区域之间的空间关联和空间差异程度。ESDA 技术已在空间数据挖掘、流行病学、自然灾害、区域经济、土地资源分布以及住宅房价分布等研究领域受到重视和广泛应用[137-144]。也有学者利用 ESDA 技术对生态系统服务价值在空间的集聚规律进行定量研究[145-147]。

本书利用 ESDA 技术剖析水生态系统服务的空间集聚效应，从而设计水生态系统服务价值的效率系数。具体方法如下。

1. 空间权重矩阵

空间自相关研究首先需确定空间权重矩阵。确定空间权重矩阵是为了描述个体间的空间位置关系，从而判断研究对象之间是否具有空间相关性和依赖性，进而用于空间自相关分析模型。空间权重矩阵表达 n 个位置的空间邻近关系，可根据邻接标准或距离标准确定。通常定义一个二元对称空间权重矩阵 W_{ij} 来表达个体 i 与 j 在空间上的邻近关系。本书采用简单二进制邻接标准构建空间权重矩阵。其中，基于邻接概念的空间权重矩阵包括鲁克（Rook）和奎因（Queen）两种，都根据多边形的邻居关系来指定空间权重矩阵。Rook 以上下左右定义邻接关系，为仅有共同边界的邻接；Queen 则在 Rook 的基础上再加上对角线，也就是说，Queen 定义的邻接关系除了包括共有边界的邻居，还包括共有顶点的邻居。本书选取 Queen 邻接空间权重矩阵：

$$W_{ij} = \begin{bmatrix} w_{11} & w_{12} & \ldots & w_{1j} \\ w_{21} & w_{22} & \ldots & w_{2j} \\ \vdots & \vdots & & \vdots \\ w_{i1} & w_{i2} & \ldots & w_{ij} \end{bmatrix} \tag{4-40}$$

空间单元 i 和 j 相邻（公有边界或共有顶点）时，$w_{ij}=1$，否则，$w_{ij}=0$。

2. 全局空间自相关分析

全局空间自相关是对某种地理现象或某一属性值在整个区域的空间特征描述，概括地理现象或属性值空间依赖的程度，判断是否存在集聚特性。最常用的关联指标是 Moran 提出的度量空间自相关的统计量 Moran 指数，其表示所有区域与周边区域之间空间差异的平均程度，具体计算公式如下：

$$I_{global} = \frac{\sum_{i=1}^{n}\sum_{j=1}^{n}(x_i - \overline{x})(x_j - \overline{x})}{S^2 \sum_{i=1}^{n}\sum_{j=1}^{n}W_{ij}} \quad (i \neq j) \qquad （4\text{-}41）$$

其中，n 为空间单元数；x_i 和 x_j 分别为空间单元 i 和 j 上的研究属性值；$\overline{x} = \frac{1}{n}\sum_{i=1}^{n}x_i$；

$S^2 = \frac{1}{n}\sum_{i=1}^{n}(x_i - \overline{x})^2$；$W_{ij}$ 为空间权重矩阵。I_{global} 的取值为[-1, 1]。I_{global} 的绝对值越

大，表示空间自相关程度越强。

使用 Moran 指数的标准化统计量 z_{test} 来检验，具体公式如下：

$$z_{test} = \frac{I - E(I)}{\sqrt{Var(I)}} \qquad （4\text{-}42）$$

其中，$E(I)$ 为 I 的期望值；$Var(I)$ 为 I 的方差。

在给定显著性水平下，$I > 0$ 表明存在正的空间自相关，空间单元观测值趋于集聚；$I < 0$ 表明存在负的空间自相关，空间单元观测值呈离散分布；$I = 0$ 表明不存在空间自相关，空间单元观测值呈随机分布。

利用格蒂斯（Getis）指数来探索全局高、低值簇的分布情况：

$$G(d) = \frac{\sum_{i=1}^{n}\sum_{j=1}^{n}W_{ij}(d)x_i x_j}{\sum_{i=1}^{n}\sum_{j=1}^{n}x_i x_j} \qquad （4\text{-}43）$$

其中，x_i 为区域 i 的属性值；x_j 为区域 j 的属性值；W_{ij} 为空间权重矩阵。当 $G(d)$ 高于其期望值，且检验显著时，区域出现高值簇；当 $G(d)$ 低于其期望值，且检验显著时，区域出现低值簇；当 $G(d)$ 趋近其期望值时，区域变量呈现随机分布的特征。

3. 局部空间自相关分析

全局空间自相关对属性值在整个区域的空间模式进行描述，而且全局空间自相关一般假定空间是同质的，即整个研究区域只存在一种趋势。在这种情况下，全局空间自相关分析有可能忽略空间过程的潜在不稳定性问题。当全局空间自相关性显著时，可能存在完全随机分布的样本子集；当全局空间自相关性不显著时，有些样本子集可能是显著局部相关的。局部空间自相关分析可以进一步考察和分析属性值是否存在局部空间集聚性、哪个区域单元对全局空间自相关的贡献更大，以及全局空间自相关分析在多大程度上掩盖了局部不稳定性。局部空间自相关可选取 LISA 指标体系来分析，包括局部 Moran 指数、局

部 Getis 指数等。同时，Moran 散点图在局部空间自相关分析中可以确定区域与其邻近区域之间具体的关联模式。本书结合 Moran 散点图形成 LISA 集聚图，进而揭示水生态系统服务集聚区的具体地理分布。

1）Moran 散点图

Moran 散点图的表现形式为笛卡儿直角坐标系，其横坐标为原始变量，即生态系统服务价值的标准化值，纵坐标为其标准化值的空间滞后向量。空间滞后向量是相邻区域变量标准化值的空间加权平均值。散点图的 4 个象限分别对应 4 种局部空间关联类型（图 4-3）：第一象限代表高值区域被高值邻居包围，即区域自身和周边区域的生态系统服务价值均较高，二者的空间差异程度较小；第二象限代表低值区域被高值邻居包围，即区域自身生态系统服务价值较低，周边区域的生态系统服务价值较高，二者的空间差异程度较大；第三象限代表低值区域被低值邻居包围，即区域自身和周边区域的生态系统服务价值均较低，二者的空间差异程度较小；第四象限代表高值区域被低值邻居包围，即区域自身生态系统服务价值较高，周边区域的生态系统服务价值较低，二者的空间差异程度较大。第一象限和第三象限表明具有空间正相关，即均质性；第二象限和第四象限表明存在空间负相关，即异质性。

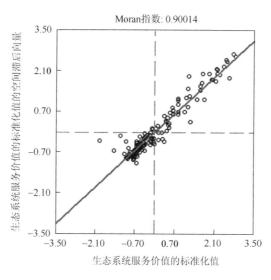

图 4-3　Moran 散点图

2）LISA 集聚图

本书采用局部 Moran 指数来度量子区域与其周边区域之间生态系统服务价值的空间差异程度及其显著性，具体计算公式如下：

$$I_{\text{local},i} = Z_i \sum_{j=1}^{n} W_{ij} Z_j \quad (i \neq j) \tag{4-44}$$

其中，Z_i 和 Z_j 分别为空间单元 i 和 j 上研究属性值的标准化数值；W_{ij} 为空间权重矩阵。

给定显著性水平（$P < 0.01$）下，$I_{\text{local},i} > 0$ 表明存在正的局部空间自相关，相似的值发生集聚；$I_{\text{local},i} < 0$ 表明存在负的局部空间自相关，不相似的值发生集聚。

把 Moran 散点图与局部 Moran 指数相结合，在给定的显著性水平（$P < 0.01$）下，存在以下情况。

（1）若 $I_{\text{local},i} > 0$，且 $Z(I_{\text{local},i}) > 0$，则区域位于第一象限。

（2）若 $I_{\text{local},i} > 0$，且 $Z(I_{\text{local},i}) < 0$，则区域位于第三象限。

（3）若 $I_{\text{local},i} < 0$，且 $Z(I_{\text{local},i}) > 0$，则区域位于第四象限。

（4）若 $I_{\text{local},i} < 0$，且 $Z(I_{\text{local},i}) < 0$，则区域位于第二象限。

本书进一步运用 Getis 指数来搜索流域内水生态系统服务热点和冷点的空间分布，具体计算公式如下：

$$G_i^* = \frac{\sum_{j=1}^{n} W_{ij} x_j}{\sum_{j=1}^{n} x_j} \tag{4-45}$$

G_i^* 在分析时一般需要将其标准化：

$$Z(G_i^*) = \frac{G_i^* - E(G_i^*)}{\sqrt{\text{Var}(G_i^*)}} \tag{4-46}$$

其中，$E(G_i^*)$、$\text{Var}(G_i^*)$ 分别为 G_i^* 的期望值和方差；在给定显著性水平下，$Z(G_i^*) > 0$ 表明空间单元 i 属于高值空间集聚，即热点；$Z(G_i^*) < 0$ 表明空间单元 i 属于低值空间集聚，即冷点。

综合 Moran 散点图、局部 Moran 指数和 Getis 指数可得 LISA 集聚图，从而将水生态系统服务的热点及冷点区域进行可视化展示。

4.5　水生态系统服务价值的价格核算

水生态系统服务价值的直接表征就是价格。本书以跨区域水权交易价格来表征水生态系统服务价值的价格核算机制。跨区域水权交易的本质是水生态系统服务价值的效用转移与优化。跨区域水权交易与常见的水权交易特点不同，因为传统的水权定价模型不能完全描述水资源的价值，所以可以将研究水生态系统服务价值量的价格体现转向研究跨区域水权交易定价问题。

第一阶段水权交易是水权控制权在跨区域的两个政府之间的流转。该阶段的不确定条件主要为买方地区和卖方地区的水资源未来稀缺程度不确定、水权交易双方的交易策略不确定、交易水量不确定，这些不确定条件将直接或间接影响水权交易的定价。因此，第一阶段的水权交易价格是指买方政府为获得水权控制权而向卖方政府支付的价格，即水权控制权价格。水权交易的本质是水生态系统服务价值的效用转移与优化过程，对本书而言，卖方政府的部分水生态系统服务功能因第一阶段水权交易产生了效用转移与优化。

第二阶段水权交易是政府前期修建水利设施确保水权交易得以实现，企业与政府分摊水利工程成本。该阶段的不确定条件主要为水利设施完工时间不确定、水利设施工程成本不确定、修建水利设施产生的社会影响不确定、水权交易为交易地区带来的社会福利不确定。修建水利设施是水权交易得以实现的必备环节，但水利设施修建具有耗时长、成本高的特征，需要政府前期垫付水利工程费用，企业后期支付水利工程费用。因此，第二阶段的水权交易价格是指企业为获得水资源使用条件而向政府支付的水利工程费用，即工程水价。

第三阶段水权交易是水权使用权在政府与企业之间的流转。该阶段的不确定条件主要为企业的产业结构与发展状况不确定、水权的机会成本不确定、交易双方可接受的水权交易价格区间不确定。在第三阶段水权交易中，企业支付交易双方可接受的金额后，便可获得水资源用于企业生产与发展。因此，第三阶段的水权交易价格是指企业为获得水权使用权而向政府支付的价格，即水权使用权价格。

4.5.1 价格核算第一阶段微分博弈模型

微分博弈模型的主要特征为系统的状态是随时间动态变化的，决策者的决策也会随系统和时间的变化而动态变化。由于第一阶段水权交易具有微分博弈的特点，本书针对第一阶段水权交易的交易特点和主体特征，从水生态系统服务价值的角度考虑水权的价格，将微分博弈与水权定价相结合，建立基于微分博弈的水权控制权定价模型。

（1）水权交易价格动态方程：

$$\dot{p}(t) = p(t) - k \left[p(t) - \alpha + \beta Q(t) \right] \tag{4-47}$$

其中，动态变化 $\dot{p}(t)$ 主要依赖三个变量：卖方政府可接受的水权控制权价格、买方政府可接受的水权控制权价格和在水权交易过程中上级政府对水权控制权价格的协调能力（简称上级政府协调能力）；k 为上级政府协调能力；$p(t)$ 为 t 时刻卖方政府可接受的水权控制权价格，交易的水量与水权控制权价格之间满足需求函数关系；$\alpha - \beta Q(t)$ 为买方政府可接受的水权控制权价格；$p(t) - \alpha + \beta Q(t)$ 为买、卖双方政府可接受的水权控制权价格差；α 为水权控制权价格初始值；β 为需求系数，$0 < \beta < 1$。

（2）水权交易微分博弈模型：

$$\begin{cases} f(t, B(\cdot)) = \int_0^{t_1} \left\{ p(t) \cdot Q(t) + Q^2(t) \cdot m_1 - u(t) \cdot Q^2(t) + \varepsilon \right\} \mathrm{e}^{-rt} \mathrm{d}t \\ f(t, A(\cdot)) = \int_0^{t_1} \left\{ Q^2(t) \cdot m_2 - p(t) \cdot Q(t) + \varepsilon \right\} \mathrm{e}^{-rt} \mathrm{d}t \end{cases} \tag{4-48}$$

其中，$f(t, B(\cdot))$ 为第一阶段水权交易中卖方政府的目标函数；$f(t, A(\cdot))$ 为第一阶段水权交易中买方政府的目标函数，交易双方均以各自利润最大化为目标；$p(t) \cdot Q(t) + Q^2(t) \cdot m_1 - u(t) \cdot Q^2(t)$ 为卖方政府在水权交易中的利润，是收益与成本之差，卖方政府的收益为交易水权获得的收入 $p(t) \cdot Q(t)$，以及水权用于卖方地区发展可带来的收益 $Q^2(t) \cdot m_1$，成本为卖方地区损失的水生态系统服务价值 $u(t) \cdot Q^2(t)$；$Q^2(t) \cdot m_2 - p(t) \cdot Q(t)$ 为买方政府在水权交易中的利润，是收益与成本之差，买方政府的收益为水权在买方地区带来的收益 $Q^2(t) \cdot m_2$，成本为交易的水权费用 $p(t) \cdot Q(t)$；$p(t)$ 为 t 时刻下的水权控制权价格；m_1 为单位水量在卖方地区可产生的经济产值；$u(t)$ 为水生态系统服务价值的公平与效率系数作用下单位水量在卖方地区产生的水生态系统服务价值；$Q(t)$ 为 t 时刻下的交易水量；m_2 为单位水量在买方地区可产生的经济产值；ε 为在水权交易过程中产生的误差；r 为水权交易的折现率。

本书采用 HJB（Hamilton-Jacobi-Bellman）方程求解微分博弈模型。构建一组有界、连续、可微的价值函数 $v_A(p)$、$v_B(p)$，求解水权交易价格的动态方程，即求解第一阶段水权交易中水权控制权价格的均衡解。因此，建立 HJB 方程：

$$\begin{cases} rv_B(p) = \mathrm{Max} \left\{ p(t) \cdot Q(t) + Q^2(t) \cdot m_1 + \varepsilon - u(t) \cdot Q^2(t) + v'_B(p) \cdot \left[(1-k) \cdot p(t) + k\alpha - k\beta Q(t) \right] \right\} \\ rv_A(p) = \mathrm{Max} \left\{ Q^2(t) \cdot m_2 + \varepsilon - p(t) \cdot Q(t) + v'_A(p) \cdot \left[(1-k) \cdot p(t) + k\alpha - k\beta Q(t) \right] \right\} \end{cases}$$

$$\tag{4-49}$$

最优交易水量的确定对最优水权交易价格的确定起到决定性的作用，将式（4-49）右端 $Q(t)$ 最大化，解得

$$\begin{cases} Q_{\mathrm{B}}(t) = \dfrac{k\beta v_{\mathrm{B}}'(p) - p(t)}{2m_1 - 2u(t)} \\[3mm] Q_{\mathrm{A}}(t) = \dfrac{k\beta v_{\mathrm{A}}'(p) + p(t)}{2m_2} \end{cases} \tag{4-50}$$

由式（4-50）可以发现，水资源价值函数直接影响最优交易水量和最优水权交易价格。通过研究现实情况可以发现，水资源价值函数并不是简单的线性函数。假设水资源价值函数是二次函数，具体函数形式如下：

$$\begin{cases} v_{\mathrm{B}}(p) = ap^2(t) + bp(t) + c \\ v_{\mathrm{A}}(p) = fp^2(t) + gp(t) + h \end{cases} \tag{4-51}$$

其中，a、b、c、f、g、h 为水资源价值函数系数，代入 HJB 方程，则有

$$\begin{cases} \begin{aligned} r\left[ap^2(t) + bp(t) + c \right] = {} & p(t) \cdot \frac{k\beta\left[2ap(t) + b \right] - p(t)}{2m_1 - 2u(t)} + m_1\left\{ \frac{k\beta\left[2ap(t) + b \right] - p(t)}{2m_1 - 2u(t)} \right\}^2 + \varepsilon \\ & + u(t)\left\{ \frac{k\beta\left[2ap(t) + b \right] - p(t)}{2m_1 - 2u(t)} \right\}^2 \\ & + \left[2ap(t) + b \right]\left\{ (1-k) \cdot p(t) + k\alpha - k\beta \cdot \frac{k\beta\left[2ap(t) + b \right] - p(t)}{2m_1 - 2u(t)} \right\} \end{aligned} \\[6mm] \begin{aligned} r\left[fp^2(t) + gp(t) + h \right] = {} & m_2\left[\frac{2k\beta fp(t) + k\beta g + p(t)}{2m_2} \right]^2 + \varepsilon - p(t) \cdot \frac{2k\beta fp(t) + k\beta g + p(t)}{2m_2} \\ & + \left[2fp(t) + g \right]\left[(1-k) \cdot p(t) + k\alpha - k\beta \cdot \frac{2k\beta fp(t) + k\beta g + p(t)}{2m_2} \right] \end{aligned} \end{cases} \tag{4-52}$$

将水资源价值函数代入 HJB 方程，通过待定系数法求解得出 a、b、f、g：

$$\begin{cases} a = \dfrac{-\omega \pm \sqrt{\omega^2 + 4gk^2\beta^2}}{24k^2\beta^2} \\[3mm] \omega = 8(1-k)\left[m_1 - u(t) \right] - 4r\left[m_1 - u(t) \right] - 4k\beta \\[3mm] b = \dfrac{4kaa\left[u(t) - m_1 \right]}{6k^2\beta^2 a - k\beta + 2r\left[u(t) - m_1 \right] + 2k\left[u(t) - m_1 \right] - 2\left[u(t) - m_1 \right]} \\[3mm] f = \dfrac{-\phi \pm \sqrt{\phi^2 - 16k^2\beta^2}}{-8k^2\beta^2} \\[3mm] \phi = 8m_2(1-k) - 8k\beta - 4m_2 r \\[3mm] g = \dfrac{gkafm_2}{gk^2\beta^2 f + 2k\beta + 4m_2(r + k - 1)} \end{cases} \tag{4-53}$$

将水资源价值函数代入买、卖双方均衡交易水量公式中得

$$\begin{cases} Q_B^*(t) = \dfrac{2k\beta a - 1}{2m_1 - 2u(t)} \cdot p(t) + \dfrac{k\beta b}{2m_1 - 2u(t)} \\ \quad Q_A^*(t) = \dfrac{2k\beta f + 1}{2m_2} \cdot p(t) + \dfrac{k\beta g}{2m_2} \end{cases} \tag{4-54}$$

由式（4-54）可知，水权交易中买卖双方的预期交易水量受不同因素的影响。与买方不同，卖方的预期交易水量受水生态系统服务价值影响，且与之正相关。当第一阶段水权交易达成时，买卖双方关于交易水量和水资源价值的认知将会达成一致，有 $Q_B^*(t) = Q_A^*(t)$，$a = f$，$b = g$，因此，可以解出水权控制权价格的反馈纳什（Nash）均衡解为

$$p^*(t) = \frac{k\beta \left[gm_1 - gu(t) - bm_2 \right]}{2k\beta \left[am_2 - fm_1 + fu(t) \right] + \left[u(t) - m_1 - m_2 \right]} \tag{4-55}$$

简化其中的参数可以得到第一阶段水权控制权价格的均衡解为

$$p_1^* = \frac{bk\beta \left[u(t) - m_1 + m_2 \right]}{2m_2 - \left[u(t) - m_1 + m_2 \right](2ak\beta + 1)} \tag{4-56}$$

从水权控制权价格的均衡解可以看出，水权控制权价格受上级政府协调能力、需求系数、水生态系统服务价值、单位水量在卖方和买方地区可产生的经济产值、水资源价值函数系数影响。

4.5.2 价格核算第二阶段不完全契约模型

第二阶段水权交易中的社会福利是契约外产生的额外收益，主要用于提升地区居民的生活水平和生活质量。ω 为社会福利，由水权交易中某一行业的企业预期利润为地区带来的税收收入和企业应缴的供水费用加和构成。μ 为政府在第二阶段水权交易中单位水量的成本费用，由政府针对企业产生污染物的治污费用、政府在第一阶段水权交易中支付的水权控制权价格和垫付的水利工程费用相加组成。具体函数表达式如下：

$$\begin{cases} \omega = r(V - p)Q + lF \\ \mu = \zeta + p_1^* + \gamma \end{cases} \tag{4-57}$$

其中，r 为税率；V 为企业的单位水量产值；l 为供水费用转化系数；F 为企业应缴的单位水量供水费用；ζ 为政府针对企业产生的污染物的治污费用；p_1^* 为第一阶段水权控制权价格；γ 为政府在水权交易中前期垫付的水利工程费用；p 为第二阶段水权交易的工程水价；Q 为交易水量。

政府和企业的前期投资是交易双方为达成水权交易需要在交易前期进行的相关资源投入，前期投资是水权交易发生前的投资。本书从交易主体的投入产出比、风险偏好、水资源稀缺性系数等因素出发，构建政府和企业在水权交易中的前期投资函数，具体函数如下：

$$
\begin{cases}
e_{\mathrm{G}} = \dfrac{\mu Q}{P(\hat{p}Q + rVQ) + (1-P)(\hat{p}Q + rVQ - e_1 Q)} \cdot \dfrac{1}{\theta} \cdot \varsigma_{\mathrm{G}} \\[4mm]
e_{\mathrm{C}} = \dfrac{\phi Q + \hat{p}Q + rVQ}{PVQ + (1-P)(VQ - e_2 Q)} \cdot \theta \cdot \varsigma_{\mathrm{C}}
\end{cases}
\tag{4-58}
$$

其中，μQ 为政府在水权交易中承担的成本费用，即投入；$P(\hat{p}Q + rVQ) + (1-P) \times (\hat{p}Q + rVQ - e_1 Q)$ 为政府在水权交易中获得的收入，即产出，分为水权交易达成和水权交易未达成两种情况，$P(\hat{p}Q + rVQ)$ 为水权交易达成的概率条件下政府获得的收入，$(1-P)(\hat{p}Q + rVQ - e_1 Q)$ 为水权交易未达成的概率条件下政府获得的收入；$\phi Q + \hat{p}Q + rVQ$ 为企业在水权交易中承担的成本费用，即投入，包括企业针对污染物投入的治污费用 ϕQ、企业预期应付水费 $\hat{p}Q$、企业应缴的税费 rVQ；$PVQ + (1-P)(VQ - e_2 Q)$ 为企业在水权交易中获得的收入，即产出，分为水权交易达成和水权交易未达成两种情况，PVQ 为水权交易达成的概率条件下企业获得的收入，$(1-P)(VQ - e_2 Q)$ 为水权交易未达成的概率条件下企业获得的收入；$\hat{p}$ 为交易双方的期望水权交易价格；P 为交易双方达成水权交易的概率；e_1 为水权交易失败后重新发生水权交易政府产生的二次交易成本；e_2 为水权交易失败后重新发生水权交易企业产生的二次交易成本；θ 为水资源稀缺性系数，政府作为水权的卖方，其投资函数与水资源稀缺性系数成反比，企业作为水权的买方，其投资函数与水资源稀缺性系数成正比；ς_{G} 为政府在水权交易中的风险偏好；ς_{C} 为企业对待水权交易的风险偏好，反映了交易主体对水权交易风险的偏好程度。

第二阶段水权交易具有不完全契约特征，本书在借鉴不完全契约理论经典的 GHM（Gross man, Hart, and Moore）模型的基础上，建立基于不完全契约的水权交易工程水价定价模型，从效益最大化角度出发，考虑交易双方的成本和收益，构建政府和企业的目标效用函数：

$$
\begin{cases}
U_{\mathrm{G}} = pQ + \pi\omega - \mu Q - e_{\mathrm{G}} Q^2 \\
U_{\mathrm{C}} = (V - p)Q + (1-\pi)\omega - \phi Q - e_{\mathrm{C}} Q^2
\end{cases}
\tag{4-59}
$$

其中，U_{G} 为政府的效用函数，U_{C} 为企业的效用函数，交易双方都以利润最大化为各自的目标；$pQ + \pi\omega - \mu Q - e_{\mathrm{G}} Q^2$ 为政府在水权交易中预计获得的利润，由收入减去成本得到，政府的收入主要为水权交易中企业应付的水利工程费用 pQ 和政府可分配的由水权交易产生的契约外社会福利 $\pi\omega$ 之和，成本为政府预计支出的成本费用 μQ 和政府的前期投资费 $e_{\mathrm{G}} Q^2$；$(V - p)Q + (1-\pi)\omega - \phi Q - e_{\mathrm{C}} Q^2$ 为企业在水权交易中预计获得的利润，也由收入减去成本得到，企业的收入由企业获得水资源后产生的经济产值 $(V-p)Q$ 与企业可分配的由水权交易产生的契约外社会福利 $(1-\pi)\omega$ 加和构成，成本为企业针对生产产生的污染物预计支出的治污费用 ϕQ 和企业的前期投资 $e_{\mathrm{C}}Q^2$；p 为第二阶段水权交易的工程水价；Q 为企业的用水量；μ 为政府在第二阶段水权交易中单位水量的成本费用；π 为政府剩余水权控制权配置系数；ω 为在第二阶段水权交易契约外产生的社会福利；e_{G} 为政府前期投资函数；e_{C} 为企业前期投资函数，ϕ 为企业针对自身污染物的单位水量治污费用。

政府和企业的前期投资函数 e_{G}、e_{C} 可以看作双方对于单位水量的边际投资成本，最优交易水量的确定对最优投资量的确定起决定性作用，故对用水量求偏导并使其一阶导数为 0，即 $\dfrac{\partial U_{\mathrm{G}}}{\partial Q_i}=0$，$\dfrac{\partial U_{\mathrm{C}}}{\partial Q_i}=0$，得到

$$
\begin{cases}
Q^{\mathrm{G}}=\dfrac{\pi r(V-p)+(p-\mu)}{2ne_{\mathrm{G}}}\\[3mm]
Q^{\mathrm{C}}=\dfrac{\left[(1-\pi)r+1\right](V-p)+(V-p)-\phi}{2ne_{\mathrm{C}}}
\end{cases}
\tag{4-60}
$$

当水权交易达成时，交易水量必然相等，即 $Q^{\mathrm{G}}=Q^{\mathrm{C}}$：

$$
\frac{\pi r(V-p)+(p-\mu)}{2ne_{\mathrm{G}}}=\frac{\left[(1-\pi)r+1\right](V-p)+(V-p)-\phi}{2ne_{\mathrm{C}}}
\tag{4-61}
$$

因此，可以求得第二阶段水权交易工程水价的均衡解为

$$
p_2^*=\frac{\left[(1+r-\pi r)e_{\mathrm{G}}-\pi re_{\mathrm{C}}\right]V+e_{\mathrm{C}}\mu-e_{\mathrm{G}}\phi}{e_{\mathrm{C}}(1-\pi r)+e_{\mathrm{G}}\left[(1-\pi)r+1\right]}
\tag{4-62}
$$

根据构建的政府和企业在水权交易中的前期投资函数，可以得到政府和企业的前期投资函数比为

$$
\begin{aligned}
\frac{e_{\mathrm{G}}}{e_{\mathrm{C}}}&=\frac{\mu\left[PV+(1-P)(V-e_2)\right]}{(\phi+\hat{p}+rV)\left[P(\hat{p}+rV)+(1-P)(\hat{p}+rV-e_1)\right]}\cdot\frac{1}{\theta^2}\cdot\frac{\varsigma_{\mathrm{G}}}{\varsigma_{\mathrm{C}}}\\[3mm]
&=\frac{T\varsigma_{\mathrm{G}}}{\left[\hat{p}^2+H\hat{p}+J\right]\theta^2\varsigma_{\mathrm{C}}}
\end{aligned}
\tag{4-63}
$$

其中，

$$
\begin{cases}
T=\mu\left[PV+(1-P)(V-e_2)\right]\\
H=2rV-e_1+Pe_1+\phi\\
J=(\phi+rV)\left[PrV+(1-P)(rV-e_1)\right]
\end{cases}
\tag{4-64}
$$

将式（4-63）代入式（4-62）中可以解得第二阶段水权交易工程水价的均衡解为

$$p_2^* = \frac{[(1-\pi)r+1]T\varsigma_\mathrm{G}V - T\varsigma_\mathrm{G}\phi + (\mu - \pi rV)\varsigma_\mathrm{C}\theta^2(\hat{p}^2 + H\hat{p} + J)}{[(1-\pi)r+1]T\varsigma_\mathrm{G} + (1-\pi r)\varsigma_\mathrm{C}\theta^2(\hat{p}^2 + H\hat{p} + J)} \qquad (4\text{-}65)$$

从第二阶段水权交易工程水价的均衡解可以看出，第二阶段水权交易中的工程水价受政府剩余水权控制权配置系数、水资源稀缺性系数、政府风险偏好、企业风险偏好影响；企业的单位水量产值、政府治污费用、企业治污费用、水权交易折现率、政府二次交易成本、企业二次交易成本等变量均为常数变量。

4.5.3　价格核算第三阶段纳什议价模型

政府和企业作为水权交易的双方都以利润最大化为各自的目标。U_G 为政府主体的目标效用函数；U_C 为企业主体的目标效用函数。具体函数式表达如下：

$$\begin{cases} U_\mathrm{G} = pq + \pi\omega - \mu' q \\ U_\mathrm{C} = (V-p)q + (1-\pi)\omega - rVq - \phi q \end{cases} \qquad (4\text{-}66)$$

$$\begin{cases} \omega = r(V-p)q + lF \\ \mu' = \zeta + \rho p_2^* \end{cases} \qquad (4\text{-}67)$$

其中，$pq + \pi\omega - \mu' q$ 为政府在水权交易中获得的利润，由收入减去成本得到，政府的收入为交易水权获得的收益 pq 与政府可分配的由水权交易产生的契约外社会福利 $\pi\omega$ 之和，成本为政府在水权交易中承担的成本费用 $\mu' q$；$(V-p)q + (1-\pi)\omega - rVq - \phi q$ 为企业在水权交易中获得的利润，也由收入减去成本得到，企业的收入为企业获得水资源后产生的经济产值 $(V-p)q$ 和可分配的由水权交易产生的契约外社会福利 $(1-\pi)\omega$ 加和构成，成本为企业针对生产产生的污染物预计支出的治污费用 ϕq 和企业应缴的税费 rVq；q 为第三阶段水权交易的水量；μ' 为政府的成本费用；ρp_2^* 为政府承担的水利工程维护费用；ζ 为政府针对企业产生的污染物的治污费用；r 为税率；V 为企业的单位水量产值；l 为供水费用转化系数；F 为企业应缴的单位水量供水费用。

无协议点表示交易双方未达成水权交易时买卖双方仍然可以获得的效用。当第三阶段水权交易失败时，政府未将水资源卖出，企业也未获得水资源，政府损失了水资源收入，企业损失了部分经济产值，因此，政府需要重新寻找买方主体，企业需要重新寻找卖方主体，这都将增加双方的交易与运营成本，二次进行水权交易获得的收益将严格小于议价达成时的收益。因此，定义无协议点 d_i 如下：

$$\begin{cases} d_1 = \theta U_\mathrm{G} \\ d_2 = \xi U_\mathrm{C} \end{cases} \qquad (4\text{-}68)$$

其中，θ 为水资源稀缺性系数，表示水资源在该地区的稀缺程度，受水生态系统服务价值的公平与效率系数影响，取值为 $[0, 1)$；ξ 为水权权重系数，表示水权在企业获得的效益中的贡献程度，取值为 $[0, 1)$。

在第三阶段水权交易中，卖方主体政府与买方主体企业存在议价的情况，因此，定义二者间的纳什议价（Nash bargaining）模型为

$$f_\lambda(u_i, d) = \mathrm{argmax}(U_G - d_1)^\lambda (U_C - d_2)^{1-\lambda}$$

$$\mathrm{s.t.}\begin{cases} 0 < q < q^* \\ p_1^* < p < \bar{p} \\ U_G + U_C = \psi \\ U_i \in S, i = G, C \\ U_i > d_i, i = G, C \end{cases} \tag{4-69}$$

其中，λ 为政府议价能力系数；ψ 为水权交易的全福利函数。

由 Nash bargaining 定理可知，最优解为

$$\begin{cases} U_G^* = d_1 + \lambda(\psi - d_1 - d_2) \\ U_C^* = d_2 + (1-\lambda)(\psi - d_1 - d_2) \end{cases} \tag{4-70}$$

U_G^* 与 U_C^* 对于 Nash bargaining 解 p_3^* 同解。将式（4-66）、式（4-67）代入式（4-68）中，可解出第三阶段水权交易水权使用权价格的均衡解为

$$p_3^* = \frac{-[(2-2\lambda)b_1 + 2\lambda b_2 - (2\lambda-1)y\tau] \pm \sqrt{[(2-2\lambda)b_1 + 2\lambda b_2 - (2\lambda-1)y\tau]^2 - 4zn}}{2z}$$

$$\mathrm{s.t.} \ \ p_1^* < p_3^* < \bar{p} \tag{4-71}$$

其中，

$$\begin{cases} z = (2-2\lambda)a_1 - 2\lambda a_2 \\ n = (2-2\lambda)h_1 - 2\lambda h_2 + (2\lambda-1)y\varphi \\ b_0 = \pi rV - \mu \\ b_1 = \theta\varphi(1-\pi r) - \theta\tau b_0 \\ b_2 = \xi\varphi[1 + (1-\pi)r] + \xi\tau b_3 \\ b_3 = (1-r)V - \phi + (1-\pi)rV \\ y = (1-r)V - \mu - \phi \\ a_1 = \theta\tau(\pi r - 1) \\ a_2 = \xi\tau[1 + (1-\pi)r] \\ h_1 = \theta\varphi b_0 + \pi l\theta F \\ h_2 = \xi\varphi b_3 + (1-\pi)l\xi F \end{cases} \tag{4-72}$$

从第三阶段水权交易水权使用权价格的均衡解可以看出，第三阶段水权交易水权使用权价格受政府议价能力系数影响；企业的单位水量产值、政府治污费用、企业治污费用、水权交易折现率、政府二次交易成本、企业二次交易成本、供水费用转化系数、企业应缴的单位水量供水费用等变量均为常数变量。

4.6　本章小结

首先，本章着眼于区域社会经济发展与水生态保护间的突出矛盾，集合水生态系统服务测度、空间计量学、适应性管理理论与方法，构建了水生态系统服务测度体系。然后，选取了典型区域政府及居民所关注的服务功能，提出了水源涵养、水质净化、水土保持以及文化休闲服务的物质量、价值量测度模型，并基于水生态系统服务互动关系，从时、空两方面展开水生态系统服务均衡状态的多尺度分析。最后，为了进一步将水生态系统服务价值市场化，提出了跨区域水权交易定价模型，得出了水生态系统服务价值的价格实现路径。

第5章 多尺度水生态系统服务适应性管理案例研究

针对典型流域（区域）水生态系统服务管理问题，本章主要在水生态系统服务价值管理理论分析的基础上，运用第4章构建的水生态系统服务物质量、价值量测度、供需均衡分析模型，针对典型流域（区域）水生态系统服务管理进行实例研究，从实践的角度验证水生态系统服务价值管理的合理性与可行性，为推广应用水生态系统服务价值管理提供支撑。

5.1 太湖流域杭嘉湖区域水生态系统服务价值管理

为了对太湖流域杭嘉湖区域（以下简称杭嘉湖区域）水生态系统服务价值进行测度，首先分析杭嘉湖区域水生态系统的服务管理现状，然后通过适当的模型对水源涵养服务、水质净化服务、文化休闲服务以及水土保持服务进行测度，并对测度结果进行分析。

1. 杭嘉湖区域水生态系统现状

杭嘉湖区域（北纬 30°09'~31°02'，东经 119°52'~121°16'）范围包括杭州市的大部，以及嘉兴市和湖州市的全部，总面积约 12304km²，占太湖流域面积的30%，总人口约 922 万人，占太湖流域人口的 16%。以导流港东大堤为界，杭嘉湖区域分为西部山区与东部平原。西部山区以苕溪流域为主，地势较高，林地密覆；东部平原则是典型的平原河网地区，河网平均密度达 12.7km/km²，是浙江省粮、蚕、油、淡水鱼的主要生产与养殖基地。杭嘉湖区域地处亚热带季风气候区，四季分明，雨热充沛，年均气温为 16℃，年均降水量为 1100~1500mm。杭嘉湖区域定位为城镇密集的生态经济区，农业、制造业及信息技术业等多产业发展态势良好，已逐渐成为浙江省经济发达地区之一，在长江经济带中占据重要区位。然而，可喜的发展背后催生严重的生态问题，危及区域可持续发展，主要包括：①自然资源短缺显现，而能源、资源消耗居高不下；②大量的能源消耗带来大量毒害气体排放，导致空气质量不容乐观；③工业废水、生活污水和农业面源污染导致水环境被持续破坏；④耕地面积减少且土壤质量下降，但粮食消费总量呈刚性增长，区域存在粮食安全隐患。综上所述，杭嘉湖区域人类与自然生态系统的分裂对立凸显。

2. 杭嘉湖区域水生态系统服务供需价值测度

按照相应模块的运算要求，将完成预处理的数据集加载进入 InVEST 3.3.3 软件和 ArcGIS（arc geographic information system）10.2 平台对杭嘉湖区域 1990 年、1995 年、2000 年、2005 年、2010 年以及 2015 年 6 个评估年份的水源涵养服务、水质净化服务、文化休闲服务及水土保持服务的供给与需求价值进行计算，输出结果为像元层级的时空分布栅格图。为方便后期进一步分析和管理政策的制定，本书利用 ArcGIS 平台 Zonal 工具，选取杭嘉湖区域 14 个行政市、县、区：杭州市区、余杭区、临安区、富阳区、嘉兴市区、平湖市、海宁市、桐乡市、嘉善县、海盐县、湖州市区、安吉县、长兴县以及德清县对参评水生态系统服务供给与需求价值进行市、县、区尺度统计汇总（单独列出部分区域仅作为特例分析，不代表行政关系）。

1）水源涵养服务价值

杭嘉湖区域水源涵养服务供给与需求价值总量在 1990 年、1995 年、2000 年、2005 年、2010 年以及 2015 年 6 个评估年份中的变动如表 5-1、表 5-2 和图 5-1 所示。可以看出，杭嘉湖区域的水源涵养服务供给价值总量经历了一个先下降后上升的过程，其中，2005 年相较 2000 年减少了 35.72 亿元，而在 2005 年之后连续大幅度地反弹，两个五年的增长率分别达到了 72.61% 和 46.61%。2015 年，杭嘉湖区域水源涵养服务供给价值总量达到了 404.62 亿元，是 2000 年的 2.07 倍。杭嘉湖区域水源涵养服务需求价值总量则出现了波动上升的趋势，其中，2010 年最高，达到了 326.32 亿元，2015 年有所回落，但仍为 1990 年的 2.61 倍。

结合表 5-1、表 5-2，在空间分布上，杭嘉湖区域西南部子流域的水源涵养服务供给价值要明显高于其余子流域，而中部子流域的水源涵养服务供给价值较低。进一步分析各市、县、区水源涵养服务供给价值数据，安吉县的水源涵养服务供给价值及年际增长幅度均位列 14 个市、县、区之首，临安区、长兴县的水源涵养服务供给价值也较高，而杭州市区、嘉善县及海盐县的水源涵养服务供给价值较低。各市、县、区水源涵养服务需求价值的分布情况则与供给价值相反，杭州市区、余杭区、湖州市区以及嘉兴市区因其高人口密度而对水源涵养服务需求明显高于其他市、县、区。

表 5-1　杭嘉湖区域各市、县、区历年水源涵养服务供给价值

市、县、区	水源涵养服务供给价值/亿元					
	1990 年	1995 年	2000 年	2005 年	2010 年	2015 年
余杭区	32.11	29.17	22.03	18.28	32.82	46.90
安吉县	48.21	44.33	32.80	28.40	51.58	70.53

续表

市、县、区	水源涵养服务供给价值/亿元					
	1990 年	1995 年	2000 年	2005 年	2010 年	2015 年
长兴县	30.22	24.50	21.06	17.58	30.39	46.66
湖州市区	32.21	27.00	22.97	18.43	31.49	49.38
嘉兴市区	17.97	14.86	13.91	10.32	15.74	25.03
嘉善县	9.93	7.96	7.86	5.43	8.13	13.58
平湖市	10.34	8.38	8.28	6.04	8.84	13.98
海盐县	9.31	7.85	7.24	5.80	8.73	13.14
桐乡市	13.04	11.13	9.71	7.69	12.07	18.53
德清县	21.31	18.75	14.73	12.28	21.82	32.32
富阳区	7.44	7.79	4.95	4.23	8.57	11.23
临安区	25.42	24.61	16.87	14.54	28.60	38.24
杭州市区	4.90	4.18	3.24	2.71	4.52	6.23
海宁市	13.34	11.47	9.96	8.16	12.68	18.87
合计	275.75	241.98	195.61	159.89	275.98	404.62

注：表中县、市、区罗列已按研究需要作适当调整，部分区域单独列出为作特例分析（本章均如此）

表 5-2　杭嘉湖区域各市、县、区历年水源涵养服务需求价值

市、县、区	水源涵养服务需求价值/亿元					
	1990 年	1995 年	2000 年	2005 年	2010 年	2015 年
余杭区	12.65	13.50	25.68	38.52	51.73	47.14
安吉县	6.40	8.25	11.84	12.97	13.68	12.16
长兴县	8.66	12.12	16.44	17.19	18.51	16.14
湖州市区	14.97	14.67	30.76	29.69	37.67	32.22
嘉兴市区	10.90	9.16	23.88	22.60	34.04	28.69
嘉善县	5.85	5.24	12.51	11.31	18.37	15.84
平湖市	7.11	4.87	14.60	13.41	21.26	17.94
海盐县	5.01	3.71	10.45	9.15	13.09	11.09
桐乡市	8.90	6.76	18.63	18.01	21.65	18.44
德清县	5.84	5.20	11.98	12.44	14.10	12.02
富阳区	0.93	1.32	1.91	1.85	2.01	1.45

续表

市、县、区	水源涵养服务需求价值/亿元					
	1990 年	1995 年	2000 年	2005 年	2010 年	2015 年
临安区	2.35	3.38	4.54	4.95	5.26	4.50
杭州市区	9.69	14.74	47.26	20.16	52.80	46.32
海宁市	8.91	5.39	17.76	16.82	22.15	18.34
合计	108.17	108.31	248.24	229.07	326.32	282.29

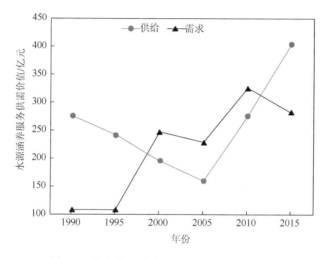

图 5-1　杭嘉湖区域水源涵养服务价值走势图

2）水质净化服务价值

杭嘉湖区域氮净化服务供给价值要明显高于磷净化服务供给价值，两者在 1900～2015 年均呈现相似的逐步下降趋势（表 5-3、表 5-4 和图 5-2、图 5-3），且 2010～2015 年的下降幅度最大。相较 1990 年，2015 年的氮、磷净化服务供给价值分别下降了 8.91%和 14.46%。结合表 5-3～表 5-6，从空间分布上看，氮、磷净化服务供给价值与需求价值具有高度的分布一致性，氮、磷净化服务的供给价值均集中在杭嘉湖区域东部，而海拔较高且地势起伏的西南部的氮、磷净化服务供给价值较低，这主要是坡度对氮、磷流失难易程度的影响导致的。从市、县、区尺度上来看，湖州市区、长兴县和余杭区的氮、磷净化服务供给价值较高，而杭州市区和富阳区的氮、磷净化服务供给价值较低。氮、磷净化服务需求方面，湖州市区、余杭区和嘉兴市区尤为迫切。

表 5-3　杭嘉湖区域各市、县、区历年氮净化服务供给价值

市、县、区	氮净化服务供给价值/万元					
	1990 年	1995 年	2000 年	2005 年	2010 年	2015 年
余杭区	442.23	435.75	433.09	423.78	417.28	403.41
安吉县	319.90	312.92	318.55	315.94	313.41	290.12
长兴县	406.84	407.60	408.53	405.78	404.35	389.57
湖州市区	536.28	536.85	531.01	525.74	523.91	498.32
嘉兴市区	408.16	409.59	402.99	387.20	387.39	375.34
嘉善县	231.94	233.37	230.01	211.61	211.65	192.41
平湖市	246.00	243.91	241.48	234.82	234.34	212.23
海盐县	193.07	192.65	191.17	188.29	188.97	176.43
桐乡市	291.94	292.44	290.10	283.25	277.69	272.08
德清县	250.73	250.76	246.90	240.44	238.27	231.20
富阳区	28.14	30.72	30.14	30.34	29.85	24.81
临安区	120.71	117.02	119.05	117.90	115.17	103.10
杭州市区	68.95	63.85	65.22	62.82	61.90	55.43
海宁市	275.54	274.33	271.66	264.87	263.75	255.40
合计	3820.43	3801.76	3779.90	3692.78	3667.93	3479.85

表 5-4　杭嘉湖区域各市、县、区历年磷净化服务供给价值

市、县、区	磷净化服务供给价值/万元					
	1990 年	1995 年	2000 年	2005 年	2010 年	2015 年
余杭区	97.05	95.10	93.96	88.29	85.58	81.45
安吉县	68.48	66.71	67.99	66.70	65.45	57.94
长兴县	91.36	91.22	91.65	90.24	89.42	85.53
湖州市区	120.47	120.06	118.37	115.82	114.85	108.60
嘉兴市区	89.50	89.64	87.35	79.40	78.85	76.46
嘉善县	51.88	52.20	51.17	43.40	43.09	38.65
平湖市	54.57	53.40	52.81	49.51	49.17	44.23
海盐县	42.92	42.59	42.20	40.85	40.79	37.96
桐乡市	63.17	63.22	62.37	59.18	56.19	54.97
德清县	55.33	54.88	53.97	51.76	50.91	48.77
富阳区	5.30	5.42	5.79	5.76	5.66	4.06
临安区	24.50	23.19	23.94	23.39	22.62	18.20

市、县、区	磷净化服务供给价值/万元					
	1990 年	1995 年	2000 年	2005 年	2010 年	2015 年
杭州市区	11.82	9.46	9.66	8.29	7.94	6.05
海宁市	58.63	57.84	57.00	33.80	53.00	51.36
合计	834.98	824.93	818.23	776.39	763.52	714.23

表 5-5 杭嘉湖区域各市、县、区历年氮净化服务需求价值

市、县、区	氮净化服务需求价值/万元					
	1990 年	1995 年	2000 年	2005 年	2010 年	2015 年
余杭区	385.83	381.78	376.14	369.28	365.45	296.36
安吉县	277.55	272.71	272.78	271.55	269.91	234.53
长兴县	349.30	349.70	349.02	347.04	344.79	323.02
湖州市区	455.70	455.88	451.68	446.20	443.10	339.27
嘉兴市区	348.24	348.36	345.30	330.04	328.38	292.27
嘉善县	191.79	192.04	191.16	173.90	172.86	147.79
平湖市	199.86	197.08	196.79	189.90	189.41	182.33
海盐县	161.21	160.69	159.89	157.15	156.54	145.70
桐乡市	252.02	251.93	250.75	244.47	239.22	209.51
德清县	218.60	218.76	214.80	209.17	207.72	151.70
富阳区	24.86	27.55	24.23	24.46	24.47	20.52
临安区	107.21	105.23	103.45	103.08	101.81	84.86
杭州市区	59.65	55.31	54.74	53.00	52.50	49.06
海宁市	236.98	235.48	231.92	226.23	224.49	197.76
合计	3268.80	3252.50	3222.65	3145.47	3120.65	2674.68

表 5-6 杭嘉湖区域各市、县、区历年磷净化服务需求价值

市、县、区	磷净化服务需求价值/万元					
	1990 年	1995 年	2000 年	2005 年	2010 年	2015 年
余杭区	90.21	88.81	86.92	81.80	79.63	52.23
安吉县	63.45	62.10	62.05	61.02	59.96	46.51
长兴县	83.63	83.46	83.44	82.17	81.16	68.40
湖州市区	108.98	108.54	107.16	104.51	103.24	67.63
嘉兴市区	81.28	81.19	79.66	71.82	70.90	59.97

市、县、区	磷净化服务需求价值/万元					
	1990 年	1995 年	2000 年	2005 年	2010 年	2015 年
嘉善县	45.47	45.56	45.05	37.39	36.87	28.97
平湖市	46.88	45.56	45.41	41.98	41.70	38.93
海盐县	37.99	37.62	37.35	36.04	35.66	32.35
桐乡市	58.09	58.04	57.43	54.34	51.47	42.69
德清县	51.43	51.04	50.07	47.96	47.25	30.08
富阳区	5.01	5.20	4.84	4.83	4.83	3.96
临安区	23.26	22.29	22.13	21.66	21.13	15.00
杭州市区	10.59	8.35	8.10	6.83	6.54	4.74
海宁市	53.59	52.76	51.63	48.71	47.81	39.18
合计	759.86	750.52	741.24	701.06	688.15	530.64

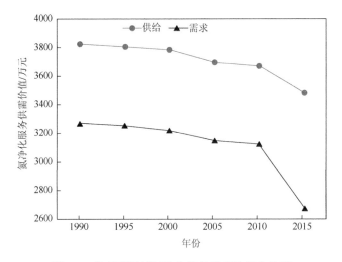

图 5-2　杭嘉湖区域氮净化服务供需价值走势图

3）文化休闲服务价值

　　杭嘉湖区域文化休闲服务供给价值在 1990～2015 年基本保持稳定，变动幅度是参评四种生态系统服务中最小的，总体小幅上升 1.63%。文化休闲服务需求价值则出现了不同程度的波动，1990～1995 年与 2000～2005 年两个阶段为下降，其余阶段为上升，1995 年文化休闲服务需求价值最低，为 15.27 亿元，而 2015 年文化休闲服务需求价值最高，为 36.32 亿元（表 5-7、表 5-8、图 5-4）。空间分布上，杭嘉湖区域西南部山林地带的文化休闲服务供给价值较高，占文化休闲服务供给价值总量的 50%以上，但其与东部平原地区的文化休闲服务供给价值的差距正呈现缩小的趋势。具体到市、县、区，安吉县和临安区对杭嘉湖区域文化休闲服务的贡献尤为突出，年均贡献价值分别达到了 69.15 亿元和 36.55 亿元，而嘉善县、平湖市和海盐县对杭嘉湖区域文化休闲服务贡献薄弱。对文化休闲服务需求高的市、县、区为余杭区、杭州市区、嘉兴市区、湖州市区，主要源于高密度人口对文化休闲服务的集中性需求。

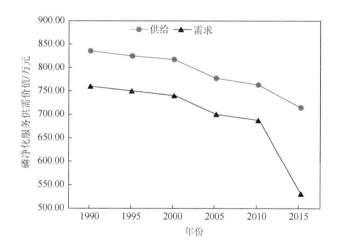

图 5-3　杭嘉湖区域磷净化服务供需价值走势图

表 5-7　杭嘉湖区域各市、县、区历年文化休闲服务供给价值

市、县、区	文化休闲服务供给价值/亿元					
	1990 年	1995 年	2000 年	2005 年	2010 年	2015 年
余杭区	21.15	21.58	22.12	21.38	21.34	21.27
安吉县	68.72	69.42	69.38	69.19	69.07	69.12
长兴县	32.84	32.78	32.84	32.73	32.75	32.75
湖州市区	21.31	21.21	21.58	21.67	21.73	21.60
嘉兴市区	1.63	1.57	1.61	1.82	1.82	1.73
嘉善县	2.02	1.99	2.00	2.77	2.79	2.74
平湖市	1.25	1.34	1.32	1.47	1.57	1.63
海盐县	2.01	1.99	2.04	2.13	2.11	2.04
桐乡市	0.15	0.17	0.18	0.33	0.32	0.31
德清县	20.06	19.92	20.43	20.81	20.84	20.86
富阳区	10.93	11.01	11.02	10.94	10.94	10.92
临安区	36.24	36.54	36.71	36.56	36.62	36.65

市、县、区	文化休闲服务供给价值/亿元					
	1990 年	1995 年	2000 年	2005 年	2010 年	2015 年
杭州市区	3.79	3.86	3.89	3.74	3.73	3.70
海宁市	1.77	1.76	2.11	2.22	2.25	2.20
合计	223.87	225.14	227.23	227.76	227.88	227.52

表 5-8　杭嘉湖区域各市、县、区历年文化休闲服务需求价值

市、县、区	文化休闲服务需求价值/亿元					
	1990 年	1995 年	2000 年	2005 年	2010 年	2015 年
余杭区	2.51	1.90	2.82	4.15	5.48	6.06
安吉县	1.27	1.16	1.30	1.40	1.45	1.56
长兴县	1.72	1.71	1.81	1.85	1.96	2.08
湖州市区	2.97	2.07	3.38	3.20	3.99	4.14
嘉兴市区	2.16	1.29	2.62	2.43	3.61	3.69
嘉善县	1.16	0.74	1.37	1.22	1.95	2.04
平湖市	1.41	0.69	1.60	1.44	2.25	2.31
海盐县	0.99	0.52	1.15	0.98	1.39	1.43
桐乡市	1.76	0.95	2.05	1.94	2.29	2.37
德清县	1.16	0.73	1.32	1.34	1.49	1.55
富阳区	0.18	0.19	0.21	0.20	0.21	0.19
临安区	0.47	0.48	0.50	0.53	0.56	0.58
杭州市区	1.92	2.08	5.19	2.17	5.59	5.96
海宁市	1.77	0.76	1.95	1.81	2.35	2.36
合计	21.45	15.27	27.27	24.66	34.57	36.32

4）水土保持服务价值

结合表 5-9、表 5-10 及图 5-5，杭嘉湖区域水土保持服务供给价值的演变特征与水源涵养服务较为相似，1990～2005 年出现连续下降趋势，2005～2015 年迅速反弹。2005 年达到 6 个年份中水土保持服务供给价值的最低值，仅为 2672.02 亿元，2015 年达到 6 个年份中水土保持服务供给价值的最高值，达到了 4386.76 亿元。水土保持服务需求价值也是先减后增，但是波动幅度明显小于供给价值。空间分布方面，水土保持服务供给和需求价值的分布由于其产生机制而保持基本一致性。西南部山林地带是杭嘉湖区域水土保持服务功能发挥作用的主要区域，且海拔高、坡度变化大的区域更为主要。具体到市、县、区，安吉县和临安区的水土保持服务的供给与需求价值均位于杭嘉湖区域各市、县、区前列。

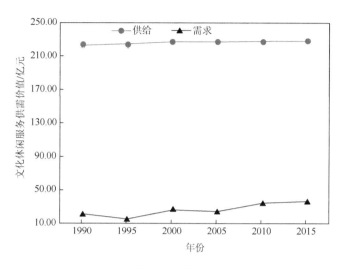

图 5-4　杭嘉湖区域文化休闲服务价值走势图

表 5-9　杭嘉湖区域各市、县、区历年水土保持服务供给价值

市、县、区	水土保持服务供给价值/亿元					
	1990 年	1995 年	2000 年	2005 年	2010 年	2015 年
余杭区	367.45	335.30	277.18	257.44	374.21	427.33
安吉县	1194.55	1133.06	949.00	891.24	1264.22	1391.89
长兴县	421.28	367.34	329.50	302.85	422.25	528.36
湖州市区	295.35	249.78	226.37	204.90	288.61	356.36
嘉兴市区	51.42	44.17	35.29	30.21	41.28	58.48
嘉善县	28.91	24.49	18.93	15.65	20.96	30.99
平湖市	25.22	20.97	18.47	15.43	20.22	28.06
海盐县	35.25	30.82	27.97	24.88	33.14	43.18
桐乡市	36.33	31.67	25.25	23.12	31.56	43.73
德清县	238.24	213.97	180.71	165.62	242.55	288.15
富阳区	258.70	332.48	202.70	187.74	281.52	303.45
临安区	688.41	693.39	531.16	497.68	738.79	786.82
杭州市区	41.25	32.37	24.62	22.86	34.15	39.36
海宁市	49.87	44.22	35.64	32.40	44.97	60.60
合计	3732.23	3554.03	2882.79	2672.02	3838.43	4386.76

表 5-10　杭嘉湖区域各市、县、区历年水土保持服务需求价值

市、县、区	水土保持服务需求价值/亿元					
	1990 年	1995 年	2000 年	2005 年	2010 年	2015 年
余杭区	76.58	65.76	53.69	47.97	84.82	96.22
安吉县	322.07	299.10	218.88	197.11	363.52	413.76
长兴县	58.52	43.53	34.57	29.39	56.78	85.79
湖州市区	51.27	33.86	32.68	27.79	49.59	64.30
嘉兴市区	0.08	0.03	0.02	0.01	0.03	0.08
嘉善县	0.03	0.01	0.00	0.00	0.01	0.05
平湖市	0.37	0.29	0.28	0.21	0.32	0.34
海盐县	2.19	1.87	1.89	1.69	2.32	2.87
桐乡市	0.11	0.00	0.00	0.00	0.01	0.04
德清县	33.32	26.39	19.91	16.95	34.96	43.93
富阳区	91.07	142.45	61.41	54.19	104.04	115.64
临安区	191.56	198.56	121.65	108.66	217.75	235.41
杭州市区	4.47	2.96	2.33	2.10	4.11	4.08
海宁市	1.52	1.31	1.02	0.82	1.59	2.49
合计	833.16	816.12	548.33	486.89	919.85	1065.00

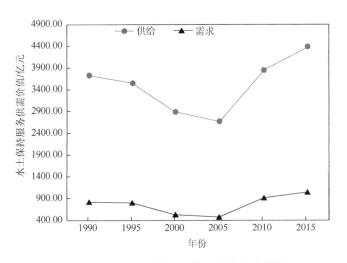

图 5-5　杭嘉湖区域水土保持服务价值走势图

5）杭嘉湖区域水生态系统服务相关性分析

进一步利用 ArcGIS 平台 Zonal 工具提取乡镇尺度上的杭嘉湖区域 1990 年、

1995 年、2000 年、2005 年、2010 年以及 2015 年单位面积生态系统服务价值,利用统计产品与服务解决方案(statistical product and service solutions,SPSS)软件进行 Pearson 相关分析,计算两两生态系统服务间的 Pearson 相关系数。Pearson 相关系数计算结果如表 5-11、表 5-12 所示。

表 5-11　杭嘉湖区域水生态系统服务供给价值相关性

项目	水源涵养服务	氮净化服务	磷净化服务	文化休闲服务	水土保持服务
水源涵养服务	1.00	-0.548**	-0.517**	0.526**	0.675**
氮净化服务	-0.548**	1.00	0.977**	-0.976**	-0.886**
磷净化服务	-0.517**	0.977**	1.00	-0.911**	-0.825**
文化休闲服务	0.526**	-0.976**	-0.911**	1.00	0.921**
水土保持服务	0.675**	-0.886**	-0.825**	0.921**	1.00

**在 0.01 水平双侧上显著相关

表 5-12　杭嘉湖区域水生态系统服务需求价值相关性

项目	水源涵养服务	氮净化服务	磷净化服务	文化休闲服务	水土保持服务
水源涵养服务	1.00	-0.057	-0.238*	0.884**	0.157
氮净化服务	-0.057	1.00	0.968**	0.036	-0.787**
磷净化服务	-0.238*	0.968**	1.00	-0.176	-0.716**
文化休闲服务	0.884**	0.036	-0.176	1.00	-0.247*
水土保持服务	0.157	-0.787**	-0.716**	-0.247*	1.00

*在 0.05 水平双侧上显著相关
**在 0.01 水平双侧上显著相关

　　参照前人的研究,当两种生态系统服务的相关性呈现为显著正相关($P<0.05$)时,该两种生态系统服务间的相互作用关系为协同;反之,当两种生态系统服务的相关性呈现为显著负相关($P<0.05$)时,该两种生态系统服务间的相互作用关系为权衡。当两种生态系统服务价值间的 Pearson 相关系数的绝对值小于 0.1,且未通过显著性检验($P>0.05$)时,可判定两种生态系统服务间不存在相互作用关系;当两种生态系统服务价值间的 Pearson 相关系数的绝对值大于等于 0.1,但未通过显著性检验($P>0.05$)时,可判定两种生态系统服务间可能存在一定的相互作用关系。此外,相关性的强度可以按相关系数绝对值的大小进行区分,如表 5-13 所示。

表 5-13　相关性强度检验表

相关性强度	强相关	中等相关	弱相关	不相关
相关系数绝对值范围	[0.5, 1]	[0.3, 0.5)	[0.1, 0.3)	[0, 0.1)

从整体上来看，杭嘉湖区域水生态系统服务的供给层面存在较强的相关性。由于产生机理的趋同，氮、磷净化服务的供给与需求间均呈现强正相关。文化休闲服务供给与水土保持服务供给间的正相关系数也高达 0.921，表明二者存在协同关系。水源涵养服务供给分别与文化休闲服务供给和水土保持服务供给互为正向促进，这体现了自然生态用地在生态系统服务供给方面的突出作用。此外，水质净化服务（氮、磷净化服务）供给与其余三种生态系统服务供给间均呈现显著的负相关特征，表明权衡关系是它们之间的存在状态，在某区域下可能出现负外部性影响。需求方面，水源涵养服务需求与文化休闲服务需求存在强正相关，水质净化服务需求与水土保持服务需求则出现鲜明的背向发展趋势。

6）杭嘉湖区域水生态系统服务供需匹配度分析

利用 4.4.2 节的公式，计算得到 1990 年、1995 年、2000 年、2005 年、2010 年以及 2015 年杭嘉湖区域水生态系统服务供需指数时空分布。可见，不同的杭嘉湖区域水生态系统服务存在不同的赤字和盈余区域分布，且城市区域普遍优于乡镇区域，西部区域普遍优于东部区域。具体而言，水源涵养服务方面，杭嘉湖区域城市区域的生态系统服务在 6 个评估年份中均处于严重的供不应求状态，且 2000 年、2005 年以及 2010 年出现了明显的加剧态势，赤字区域不断向城市周围扩张，该趋势直到 2015 年才得到显著控制。氮、磷净化服务始终保持微量盈余状态，仅在水体区域出现轻微赤字现象。文化休闲服务在供需匹配度上呈现出明显的西部优于东部的空间格局。嘉兴市区的文化休闲服务供给远远无法满足当地公众的需求，2015 年由于人口分布的分散和生态绿地空间的建设，这一局面得到有效改善。水土保持服务的供需在杭嘉湖区域表现良好，整个区域都处于盈余状态。

3. 杭嘉湖区域水生态系统服务价值空间异质性评估

1）杭嘉湖区域水生态系统服务空间均衡度分析

利用生态系统服务洛伦兹曲线和空间基尼系数计算方法，基于杭嘉湖区域水生态系统服务供需价值评估结果，得到杭嘉湖区域 1990 年、1995 年、2000 年、2005 年、2010 年以及 2015 年水源涵养服务、水质净化服务（氮、磷净化服务）、文化休闲服务和水土保持服务的洛伦兹曲线，进而计算得到相应的空间基尼系数，如表 5-14、表 5-15 所示。供给方面，水源涵养服务和水质净化服务空间分布较均衡，而文化休闲服务和水土保持服务空间分布不均衡。需求方面，水质净化服务空间分布保持在较均衡的范围之内，水源涵养服务和文化休闲服务的空间分布从相对均衡的状态逐渐演变为较不均衡的状态,而水土保持服务的空间分布悬殊。从年际变化来看,杭嘉湖区域水生态系统服务供给的空间分布均衡度变动不大,多年来保持在同一个均衡度级别。对水源涵养服务、文化休闲服务以及水土保持服务的需求在 6 个评估年份里波动,空间基尼系数总体上呈现上升趋势,表明相应生态系统服务的空间分布不均衡情况越发明显。

表 5-14　杭嘉湖区域水生态系统服务供给价值空间基尼系数

项目		1990 年	1995 年	2000 年	2005 年	2010 年	2015 年
水源涵养服务		0.082	0.112	0.051	0.081	0.128	0.097
水质净化服务	氮净化	0.183	0.185	0.183	0.177	0.178	0.181
	磷净化	0.191	0.196	0.190	0.177	0.178	0.187
文化休闲服务		0.430	0.431	0.427	0.420	0.419	0.422
水土保持服务		0.440	0.470	0.451	0.457	0.464	0.438

表 5-15　杭嘉湖区域水生态系统服务需求价值空间基尼系数

项目		1990 年	1995 年	2000 年	2005 年	2010 年	2015 年
水源涵养服务		0.288	0.216	0.377	0.263	0.356	0.350
水质净化服务	氮净化	0.175	0.176	0.179	0.171	0.171	0.183
	磷净化	0.181	0.186	0.185	0.171	0.170	0.201
文化休闲服务		0.288	0.216	0.377	0.263	0.356	0.350
水土保持服务		0.581	0.630	0.586	0.590	0.595	0.577

2）杭嘉湖区域水生态系统服务热点分析

（1）杭嘉湖区域水生态系统服务全局自相关分析。

基于杭嘉湖区域 156 个乡镇生态系统服务供需价值测度数据,综合利用 ArcGIS 平台与 GeoDa（geographic data analysis）平台相关功能模块计算得到杭嘉湖区域水生态系统服务供需价值的全局自相关指数——Moran 指数和 Getis 指数,并对其进行显著性检验（蒙特卡罗模拟）。

表 5-16 为杭嘉湖区域水生态系统服务供给价值 Moran 指数,表 5-17 为杭嘉湖区域水生态系统服务供给价值 Getis 指数,表 5-18 为杭嘉湖区域水生态系统服务需求价值 Moran 指数,表 5-19 为杭嘉湖区域水生态系统服务需求价值 Getis 指数。由表 5-16、表 5-18 可知,杭嘉湖区域四项生态系统服务供给与需求在 1990 年、1995 年、2000 年、2005 年、2010 年及 2015 年中的 Moran 指数分别为 0.604~0.732 和 0.517~0.903,且均通过显著性检验,说明四项生态系统服务供给与需

求整体在空间上均存在显著的正相关集聚现象，即生态系统服务价值高的区域相邻接，反之亦然。其中，文化休闲服务供给的集聚性更为明显，且存在逐年递增态势，表现为极化效应，说明杭嘉湖区域生态休闲区的建设多为集中建设。其余三项生态系统服务供给的集聚性较为稳定。除水土保持服务外，其余三项生态系统服务需求的集聚性整体呈现提升趋势。由表 5-17、表 5-19 可知，水源涵养服务供给出现了低值簇，而其余三项生态系统服务供给则呈现高值簇，高、低值簇的状态在 6 个年份内未发生更替，只是集聚的显著程度存在不同程度的波动。四项生态系统服务需求均表现显著的高值簇，说明人类社会对参评生态系统服务的需求存在集中消费的现象，这与人口分布密切相关。

表 5-16　杭嘉湖区域水生态系统服务供给价值 Moran 指数

项目	年份	I	$Z(I)$	P
水源涵养服务	1990	0.686	15.754	0.00
	1995	0.687	15.835	0.00
	2000	0.613	14.132	0.00
	2005	0.618	14.229	0.00
	2010	0.690	15.837	0.00
	2015	0.677	15.529	0.00
氮净化服务	1990	0.667	15.242	0.00
	1995	0.666	15.218	0.00
	2000	0.671	15.323	0.00
	2005	0.665	15.196	0.00
	2010	0.669	15.278	0.00
	2015	0.669	15.295	0.00
磷净化服务	1990	0.632	14.449	0.00
	1995	0.609	13.935	0.00
	2000	0.628	14.352	0.00
	2005	0.604	13.804	0.00
	2010	0.610	13.945	0.00
	2015	0.612	13.985	0.00
文化休闲服务	1990	0.729	16.640	0.00
	1995	0.728	16.635	0.00
	2000	0.729	16.652	0.00
	2005	0.729	16.646	0.00
	2010	0.731	16.696	0.00
	2015	0.732	16.713	0.00

续表

项目	年份	I	$Z(I)$	P
水土保持服务	1990	0.626	14.491	0.00
	1995	0.619	14.477	0.00
	2000	0.619	14.346	0.00
	2005	0.616	14.285	0.00
	2010	0.626	14.493	0.00
	2015	0.626	14.492	0.00

表 5-17 杭嘉湖区域水生态系统服务供给价值 Getis 指数

项目	年份	G	$E(G)$	$Z(G)$	P
水源涵养服务	1990	0.000004	0.000005	−4.221	0.00
	1995	0.000005	0.000005	−2.390	0.02
	2000	0.000005	0.000005	−4.652	0.00
	2005	0.000004	0.000005	−4.000	0.00
	2010	0.000004	0.000005	−3.115	0.00
	2015	0.000004	0.000005	−4.295	0.00
氮净化服务	1990	0.000006	0.000005	10.416	0.00
	1995	0.000006	0.000005	10.358	0.00
	2000	0.000006	0.000005	10.254	0.00
	2005	0.000006	0.000005	10.119	0.00
	2010	0.000006	0.000005	10.069	0.00
	2015	0.000006	0.000005	10.752	0.00
磷净化服务	1990	0.000006	0.000005	9.725	0.00
	1995	0.000006	0.000005	9.342	0.00
	2000	0.000006	0.000005	9.292	0.00
	2005	0.000006	0.000005	8.720	0.00
	2010	0.000006	0.000005	8.569	0.00
	2015	0.000006	0.000005	9.369	0.00
文化休闲服务	1990	0.000006	0.000005	3.464	0.00
	1995	0.000006	0.000005	3.477	0.00
	2000	0.000006	0.000005	3.378	0.00
	2005	0.000006	0.000005	3.169	0.00
	2010	0.000006	0.000005	3.106	0.00
	2015	0.000006	0.000005	2.228	0.04

续表

项目	年份	*G*	*E*(*G*)	*Z*(*G*)	*P*
水土保持服务	1990	0.000007	0.000005	4.207	0.00
	1995	0.000008	0.000005	5.567	0.00
	2000	0.000007	0.000005	4.467	0.00
	2005	0.000007	0.000005	5.596	0.00
	2010	0.000007	0.000005	4.782	0.00
	2015	0.000007	0.000005	4.217	0.00

表 5-18　杭嘉湖区域水生态系统服务需求价值 Moran 指数

项目	年份	*I*	*Z*(*I*)	*P*
水源涵养服务	1990	0.742	17.885	0.00
	1995	0.794	20.203	0.00
	2000	0.790	20.069	0.00
	2005	0.903	21.417	0.00
	2010	0.779	21.297	0.00
	2015	0.821	21.226	0.00
氮净化服务	1990	0.669	15.287	0.00
	1995	0.666	15.214	0.00
	2000	0.668	15.260	0.00
	2005	0.660	15.091	0.00
	2010	0.660	15.079	0.00
	2015	0.673	15.373	0.00
磷净化服务	1990	0.633	14.476	0.00
	1995	0.628	14.355	0.00
	2000	0.624	14.260	0.00
	2005	0.596	13.634	0.00
	2010	0.597	13.647	0.00
	2015	0.656	14.987	0.00
文化休闲服务	1990	0.742	17.885	0.00
	1995	0.794	20.203	0.00
	2000	0.790	20.069	0.00
	2005	0.903	21.417	0.00
	2010	0.779	21.297	0.00
	2015	0.821	21.226	0.00

续表

项目	年份	I	$Z(I)$	P
水土保持服务	1990	0.544	12.810	0.00
	1995	0.517	12.667	0.00
	2000	0.531	12.560	0.00
	2005	0.527	12.473	0.00
	2010	0.537	12.704	0.00
	2015	0.539	12.734	0.00

表 5-19　杭嘉湖区域水生态系统服务需求价值 Getis 指数

项目	年份	G	$E(G)$	$Z(G)$	P
水源涵养服务	1990	0.000007	0.000005	12.832	0.00
	1995	0.000009	0.000005	13.829	0.02
	2000	0.000013	0.000005	16.391	0.00
	2005	0.000008	0.000005	14.817	0.00
	2010	0.000013	0.000005	17.043	0.00
	2015	0.000012	0.000005	16.693	0.00
氮净化服务	1990	0.000006	0.000005	10.781	0.00
	1995	0.000006	0.000005	10.702	0.00
	2000	0.000006	0.000005	10.646	0.00
	2005	0.000006	0.000005	10.537	0.00
	2010	0.000006	0.000005	10.496	0.00
	2015	0.000006	0.000005	9.918	0.00
磷净化服务	1990	0.000006	0.000005	10.071	0.00
	1995	0.000006	0.000005	9.857	0.00
	2000	0.000006	0.000005	9.677	0.00
	2005	0.000006	0.000005	9.082	0.00
	2010	0.000006	0.000005	8.953	0.00
	2015	0.000006	0.000005	8.251	0.00
文化休闲服务	1990	0.000007	0.000005	12.833	0.00
	1995	0.000009	0.000005	13.829	0.00
	2000	0.000013	0.000005	16.391	0.00
	2005	0.000008	0.000005	14.817	0.00
	2010	0.000013	0.000005	17.043	0.00
	2015	0.000012	0.000005	16.693	0.00

项目	年份	G	$E(G)$	$Z(G)$	P
水土保持服务	1990	0.000011	0.000005	6.667	0.00
	1995	0.000015	0.000005	8.109	0.00
	2000	0.000012	0.000005	6.825	0.00
	2005	0.000012	0.000005	6.901	0.00
	2010	0.000012	0.000005	6.724	0.00
	2015	0.000012	0.000005	6.927	0.00

（2）杭嘉湖区域水生态系统服务局部自相关分析。

Moran 指数反映杭嘉湖区域整体生态系统服务的集聚情况，进一步分析杭嘉湖区域生态系统服务的局部分布特征。

①水源涵养服务供需价值。水源涵养服务的供给存在"高-高"类的高值集聚区，即热点区，以及"低-低"类的低值集聚区，即冷点区，且冷点区占主导。热点区主要分布在西南部的富阳区及临安区，冷点区则主要分布在东部的嘉兴市区。水源涵养服务的需求方面，杭州市区在 6 个年份里均为热点区，富阳区在 1990 年和 2005 年为冷点区，其余年份无显著的冷点区。不同年份间，水源涵养服务供给与需求的热点区数量变化不大，空间分布也基本一致。

②氮净化服务供需价值。氮净化服务的供给与需求多呈现"高-高"和"低-低"集聚区。由于氮净化服务的供给与需求的发生在时空上具备较强的趋同性，供需的冷点区均出现在西南部，而热点区多出现在东部。随时间延长，热点区数量略微减少，冷点区数量小幅增加。

③磷净化服务供需价值。磷净化服务的状况与氮净化服务相似，但局部集聚效应相较氮净化服务较弱。具体而言，"东热西冷"的格局同氮净化服务一样，而冷、热点区的数量较少。尤其是在 2005 年、2010 年以及 2015 年，磷净化服务的供需热点区数量均出现了减少趋势，2015 年的需求热点区数量已经少于冷点区数量。同时，这三个年份显现不同数量的"高-低"与"低-高"集聚区，即局部负相关，说明磷净化服务在部分地区有异质集聚迹象。

④文化休闲服务供需价值。文化休闲服务供给的局部集聚现象较为明显，通过显著性检验的年均冷、热点区数量占比达到了 58.97%。空间分布上，冷点区位于东部，热点区位于西部，而中部多为非显著区域。文化休闲服务的需求则与水源涵养服务需求类似，这主要是由于两者均取决于人口分布。6 个评估年份中，热点区数量均明显少于冷点区数量，杭州市区为主要的热点区，而西南部因其较高的、集中性的自然生态用地覆盖率而成为冷点区。

⑤水土保持服务供需价值。水土保持服务在局部上的集聚特征表现为热点区显著性高，且冷点区数量多，但显著性低于热点区。西南部的山林地带是水土保持服务供需的热点区，这表明高海拔的山林地带虽具备较强的水土保持能力，但降水与坡度的共同作用使得该地区水土流失的风险明显高于其他地区。东部平原地区的水土保持状况较好，因此为冷点区。

5.2　黄河流域内蒙古地区水生态系统服务价值管理

内蒙古自治区是中国经济发展最快的省区市之一，人均地区生产总值超过全国平均水平。历时十余年，内蒙古自治区在黄河流域开展了一系列成果显著的水权制度建设探索性实践。本节首先对黄河流域内蒙古地区的水生态系统现状进行总体介绍，然后对其水生态系统服务效益进行测度和分析。

1. 黄河流域内蒙古地区水生态系统现状

黄河流域内蒙古地区水生态系统现状体现在三个方面：一是水资源匮乏且时空分布不均；二是水资源浪费严重且利用效率较低；三是用水结构与经济社会发展极不协调。

1）水资源匮乏且时空分布不均

内蒙古自治区水资源量为426.5亿 m^3/a，仅占全国水资源总量的1.3%，其中，地表水资源量占全国地表水资源总量的0.8%，地下水资源量占全国地下水资源总量的2.8%。与内蒙古自治区面积占全国总面积的12.32%相较，水资源明显匮乏。2016年，黄河流域内蒙古地区水资源量为68.86亿 m^3/a（矿化度小于2g/L，并扣除重复计算量），其中，地表水资源量为21.18亿 m^3/a，地下水资源量为57.99亿 m^3/a。黄河流域内蒙古地区面积为15.19万 km^2，占内蒙古自治区面积的13.1%，但地表水资源量只占内蒙古自治区地表水资源量的5.2%，水土资源不匹配，水资源严重匮乏，时空分布极不均匀。人均水资源可利用量（含分水）为900 m^3/a，仅为全国平均水平的41%。黄河流域内蒙古地区地下水来源主要有降水入渗补给、山丘区山前侧向补给、地表水渗漏补给三类；地表水渗漏补给主要来源于河套灌区、鄂尔多斯市南岸灌区及土默川灌区三大灌区，补给量占黄河流域内蒙古地区补给量的1/3。根据2003～2016年《内蒙古自治区水资源公报》统计数据，黄河流域内蒙古地区水资源量如表5-20所示。

表5-20　2003～2016年黄河流域内蒙古地区水资源量

年份	地表水资源量/(亿 m^3/a)	地下水资源量/(亿 m^3/a)	水资源量/(亿 m^3/a)
2003	16.02	56.16	56.92

年份	地表水资源量/(亿 m³/a)	地下水资源量/(亿 m³/a)	水资源量/(亿 m³/a)
2004	14.31	52.61	51.34
2005	8.26	42.76	34.61
2006	13.86	47.84	45.93
2007	17.66	54.27	56.26
2008	16.62	56.41	58.17
2009	11.25	48.64	43.62
2010	12.32	51.69	48.77
2011	10.30	48.03	42.73
2012	12.54	61.24	59.14
2013	9.53	53.27	47.26
2014	5.42	52.93	43.74
2015	4.13	47.08	40.74
2016	21.18	57.99	68.86

由表 5-20 可知，黄河流域内蒙古地区地表水资源短缺，水资源量变化不均，且受地下水资源量影响较大。此外，黄河流域内蒙古地区属北温带大陆性干旱气候，区域降水量小，年降水量为 150～450mm，且从东南向西北呈递减趋势。降水多集中在 7～9 月，占年降水量的 70%，年内分布极不均匀。年蒸发量为 1200～2000mm，年蒸发量为年降水量的 4～8 倍。全年中，1 月、2 月、11 月、12 月气温为零摄氏度以下，年均气温为 5.0℃左右。年日照时数为 3000～3200h，日照率为 67%～73%。年均风速为 1.5～5.0m/s，部分地区大于 5.0m/s。无霜期一般为 130～200d。总的来看，气温和降水量季节性变化大，湿度小，温差大，风大沙多，光、温、水地域差异明显。水资源紧缺已成为制约内蒙古自治区经济社会发展的重要因素。

2）水资源浪费严重且利用效率较低

尽管面临水资源匮乏、用水短缺的诸多困境，但是黄河流域内蒙古地区水资源浪费现象依然严重，在生产、生活领域存在较为严重的结构型、生产型和消费型浪费。就农业而论，农业灌区主体工程建设标准低，渠系配套差，工程老化严重，灌溉渠道水有效利用系数为 0.3～0.5，灌溉用水浪费较为严重，渗漏损失大，用水效率低。以巴彦淖尔市为例，其所处的河套灌区是中国最大的自流灌区之一，是内蒙古自治区重要的商品粮产区，引黄灌水 51.99 亿 m³/a（1987～1997 年均值）。河套灌区大部分建筑物修建于 20 世纪 60～70 年代，建设标准低，老化失修严重，灌溉渠道水有效利用系数仅为 0.42。内蒙古自治区水资源消耗强度很高，水资源的无偿开发和低偿使用导致用水户对水资源重使用、轻节约，不讲成本核算，造成有限资源的极大浪费，加剧了水资源短缺局面。因此，农业灌区具有一定量的节水潜力。近几年大力推行农业节水灌溉，农业用水量呈明显下降趋势。

3）用水结构与经济社会发展极不协调

黄河流域内蒙古地区资源富集，是内蒙古自治区经济最发达地区，地区生产总值占内蒙古自治区地区生产总值的 50%以上，全区近 70%的电力装机、80%的钢铁、50%的有色金属和绝大部分的煤化工、装备制造、农畜产品加工、建材加工制造等集中于此。呼和浩特市、包头市、鄂尔多斯市是内蒙古自治区重点工业地区和经济的重要支撑点，煤炭、电力、钢铁等重点项目对水资源的需求巨大。

2003 年，内蒙古自治区产业结构比为 18∶40∶42。2003 年，内蒙古自治区农业产值仅占地区生产总值的 7.8%，农业用水量却占用水量的 87.55%；内蒙古自治区工业产值占地区生产总值的39.89%，工业用水量只占用水量的9.14%。由于用水配额的 90%以上为农业用水，工业用水缺口日益增大，许多新增能源化工企业因为没有用水指标而搁置，工业用水与农业用水之间的供需矛盾日渐突出。图 5-6 和图 5-7 分别示出了内蒙古自治区 1993～2016 年三大产业增加值的变化情况和 2007～2016 年工、农业用水量变化情况。

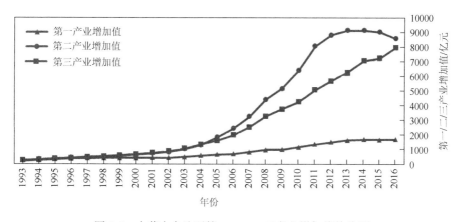

图 5-6　内蒙古自治区第一、二、三产业增加值趋势图

从图 5-6 可以看出，内蒙古自治区第一产业增加值已趋于稳定，第三产业增加值占比逐年增大且增加速率不断上升，第二产业增加值在经历了快速增长阶段后，近几年开始呈现下降趋势。

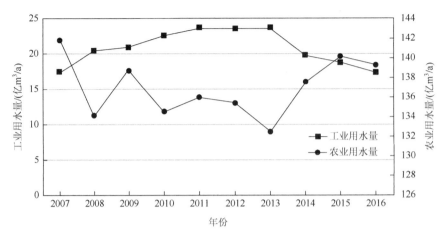

图 5-7　内蒙古自治区工、农业用水趋势图

从图 5-7 可以看出，2013～2016 年，内蒙古自治区工业用水量逐年下降，但农业用水量处于上升趋势。在以农业用水为主导的大背景下，水资源难以自发向产生更高效益的方向流动。

总体而言，黄河流域内蒙古地区的水生态系统存在水资源匮乏和分布不均，水资源浪费和利用效率低下，工、农业用水矛盾突出等问题，如何合理调整工业布局和工业结构，引导工业项目向水源工程附近布局，并将农业节余水量用于工业，引导水资源从低效益行业往高效益行业流转，成为促进工业发展的新契机。

2. 黄河流域内蒙古地区水生态系统服务价值测度

针对黄河流域内蒙古地区多年来开展的水权交易实践，基于水生态系统服务理论，从供给服务、支持服务、调节服务、文化服务四大角度开展水生态系统服务价值综合测度，以期为黄河流域内蒙古地区水权交易制度建设提供技术支撑。

1）水生态系统服务价值时空结构分析

根据黄河流域内蒙古地区水权交易过程，分三个阶段对其水权转让时期的供给服务、支持服务、调节服务和文化服务从时间和空间维度进行水生态系统服务价值分析。

（1）2003～2013 年水生态系统服务价值分析。

对黄河流域内蒙古地区 2003～2013 年水权转让时期供给、支持、调节、文化四大服务的价值进行分析。2003～2013 年，内蒙古自治区盟、市内的水权转让项目取得了显著成果，阿拉善盟、巴彦淖尔市、鄂尔多斯市、乌海市的水生态系统服务价值由 133.11 亿元增加到 1919.17 亿元，年均增幅达 30.58%，其中，阿拉善盟和鄂尔多斯市水生态系统服务价值的增幅在黄河流域内蒙古地区最为显著，但水生态系统服务价值空间差异性较大，整体呈现显著地域空间异质特征。具体分析如下：①阿拉善盟的水生态系统供给服务和支持服务价值的年均增幅最大，高达 39.73%和 25.41%，表明阿拉善盟水权转让项目通过科学灌溉等多项技术保障了土壤的水分需求及养分循环，提升了水资源利用效率，在保证农牧业连续十几年丰收的基础上，极大地满足了工业发展需求，实现了水资源高效利用与配置，有效推动了区域经济、社会、生态可持续发展；②乌海市的水生态系统调节服务价值的年均增幅最大，高达 21.73%，表明乌海市开展灌区节水改造建设以来，通过完成农业转向工业的水权转让工作，取得了"多赢"效果，缓解了干旱地区经济发展用水严重不足的问题；③鄂尔多斯市的水生态系统文化服务价值的年均增幅最大，高达 33.51%，表明鄂尔多斯市水权交易工作的开展改善了当地的自然条件，带动了相关旅游产业的发展，为该市的文化旅游工作创造了更好的条件。

（2）2014～2016 年水生态系统服务价值分析。

对黄河流域内蒙古地区 2014～2016 年水权转让时期供给、支持、调节、文化四大服务进行分析。除巴彦淖尔市外，其余盟、市的水生态系统服务价值在 2014～2015 年呈现不同程度下滑，2015～2016 年，阿拉善盟和鄂尔多斯市水生态系统服务价值又呈现不同程度的回升，而乌海市水生态系统服务价值持续下滑。具体分析如下：①阿拉善盟、鄂尔多斯市和乌海市 2015 年水生态系统供给服务价值的大幅度下降导致其水生态系统服务价值整体呈下滑趋势，表明该段时期煤炭价格的下降对这三个地区的相关产业造成了一定的影响。巴彦淖尔市水生态系统服务价值保持平稳，并呈小幅度上涨，表明巴彦淖尔市推进的河套灌区制度改革有效提高了灌区用水效率和现代化节水管理水平，实现了农业用水向工业用水的转让，推动了工业的发展，实现了较稳定的产业经济结构。②阿拉善盟的水生态系统文化服务价值在黄河流域内蒙古地区年均增幅最大，达 17.21%。阿拉善盟的水权交易项目有效提升了该区域的水资源利用效率，改善了阿拉善盟的自然环境，保障了旅游风景区的天然特色，吸引了大量游客。③巴彦淖尔市的水生态系统支持服务和调节服务价值在黄河流域内蒙古地区年均增幅最大，达 4.37%和 5.36%。这说明巴彦淖尔市的水权交易及其配套工程改善了当地的土壤品质，调节了气候，在防沙治沙、水土保持等方面产生服务价值。

（3）2016～2017 年水生态系统服务价值分析。

对黄河流域内蒙古地区 2016～2017 年水权转让时期供给、支持、调节、文化四大服务进行分析。在此期间，内蒙古自治区开展的多形式水权交易工作取得了一定的成效，阿拉善盟、巴彦淖尔市、鄂尔多斯市、乌海市的水生态系统服务价值由 1793.41 亿元增加到 1899.65 亿元，增幅达 5.92%，阿拉善盟水生态系统服务价值的增幅在黄河流域内蒙古地区最为显著。具体分析如下：①阿拉善盟的水生态系统供给服务和调节服务价值均有较大幅度增长,表明阿拉善盟水权转让项目有效提高了农业用水效率,着力解决了区域突出生态环境问题,践行了生态优先、绿色发展的理念,有效推动了区域经济、社会、生态可持续发展。②巴彦淖尔市的水生态系统调节服务价值增幅最大,高达 88.74%,表明巴彦淖尔市沈乌灌域节水改造工程有效提升了水资源利用效率,节水效果显著,在气候调节和水资源调节方面发挥了巨大作用。③乌海市的水生态系统供给服务、支持服务和文化服务价值增幅最大,达 7.89%、4.55% 和 9.68%,表明乌海市水权转让项目提高了农业用水效率,节约了大量农业用水,促进了农业用水指标向工业用水指标的转让。同时,与水权转让工作配套进行的防沙退沙等项目取得了一定的成果,并进一步促进了当地旅游业的发展。

2) 水生态系统服务价值演进分析

2003～2017 年,水权交易使各个盟、市水生态系统供给服务、支持服务、调节服务、文化服务所产生的价值发生了显著变化。这主要得益于水污染治理、水资源保护等相关工作的开展,并在此基础上开展水权交易,调整了工、农业用水结构,通过农业节水量补给工业发展急需的用水量,引导水资源向经济效益高的方向转化,促进农业-工业经济持续协调发展。

(1) 阿拉善盟水生态系统服务价值演进分析。

对阿拉善盟 2003～2017 年水权交易为地区带来的供给、支持、调节、文化四大服务价值进行分析,其时空结构分布如图 5-8 所示。

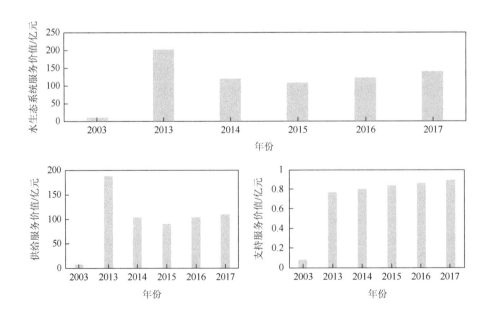

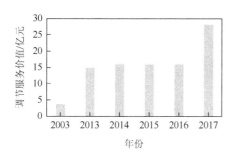 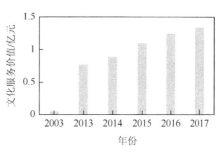

图 5-8 阿拉善盟水生态系统服务价值图

由图 5-8 可知，2003～2017 年，阿拉善盟水生态系统服务价值由 10.32 亿元增长到 140.11 亿元，年均增幅为 20.48%。2003～2013 年，阿拉善盟供给服务价值由 6.59 亿元增长到 186.97 亿元，这得益于阿拉善盟孪井滩扬水灌区水权转让的节水及配套工程的实施。其中，乌斯太热电厂水权转让项目是阿拉善盟工业项目中第一个完成黄河水权转让工作，并获得黄河水权指标和取水许可的项目。作为内蒙古自治区水权转让首批试点项目，乌斯太热电厂水权转让项目的成功实施标志着阿拉善盟水权转让工作取得了实质性成果。2013～2016 年，阿拉善盟文化服务价值也由 0.77 亿元增长到 1.24 亿元，这与水权交易的开展提升生态环境质量、改善自然风光和涉水景观密不可分，水权交易带动了涉水旅游行业的发展。2016～2017 年，阿拉善盟在防沙治沙方面持续加大投入，水土保持工作成效良好，支持服务价值由 0.86 亿元增长到 0.89 亿元，处于稳定状态。

（2）乌海市水生态系统服务价值演进分析。

对乌海市 2003～2017 年水权交易为地区带来的供给、支持、调节、文化四大服务价值进行分析，其时空结构分布如图 5-9 所示。

由图 5-9 可知，2003～2017 年，乌海市水生态系统服务价值由 16.85 亿元增长到 165.84 亿元，年均增幅为 17.74%。2003～2013 年，乌海市供给服务价值由 16.62 亿元增长到 182.99 亿元，主要原因是乌海市煤炭资源比较丰富，神华乌海能源有限责任公司在海勃湾新地灌区和海南巴音陶亥灌区对 50 万 t 甲醇项目进行节水改造，工程实施后提高了灌区内农业灌溉输水效率、农田灌溉水有效利用系数，节水量为 526.83 万 m³/a，转让给神华乌海能源有限责任公司生产用水 421 万 m³/a。2013～2016 年，乌海市水生态系统文化服务价值逐年稳步提升，由 0.84 亿元增长到 1.24 亿元，这是因为水权交易在一定程度上改变了乌海市的旅游格局，提升了旅游品质。2016～2017 年，乌海市水生态系统的调节服务价值由 1.02 亿元增长到 1.40 亿元，这是由于兴建了海勃湾拦蓄工程，以及各区域水源地综合整治工程，通过生物隔离防护、禽畜养殖控制、入河排污口整治、农田径流控制等工程的实施，乌海市的水质调节与气候调节服务变化显著，生态环境条件得到很大改善。

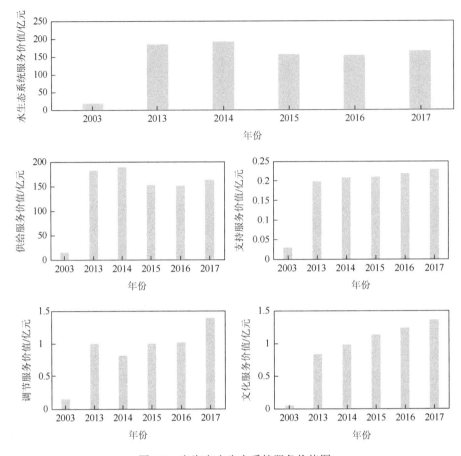

图 5-9　乌海市水生态系统服务价值图

（3）巴彦淖尔市水生态系统服务价值演进分析。

对巴彦淖尔市 2003～2017 年水权交易为地区带来的供给、支持、调节、文化四大服务价值进行分析，其时空结构分布如图 5-10 所示。

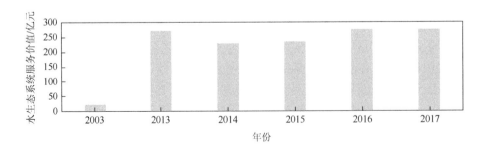

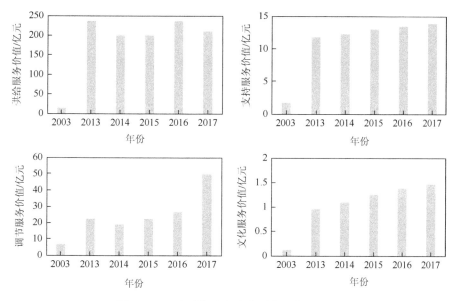

图 5-10　巴彦淖尔市水生态系统服务价值图

由图 5-10 可知，2003～2017 年，巴彦淖尔市水生态系统服务价值由 22.56 亿元增长到 276.71 亿元，年均增幅为 19.61%。2003～2013 年，巴彦淖尔市水生态系统供给服务价值由 13.98 亿元增长到 237.14 亿元，这是由于巴彦淖尔市的农业和畜牧业相对比较发达，随着水权交易工作的大力开展，水权交易在巴彦淖尔市农业方面取得的成效显著提升，在工业方面也取得了一定的成效。2013～2016 年，巴彦淖尔市水生态系统的支持服务价值由 11.82 亿元增长到 13.44 亿元，保持在高水平稳定增长，这是因为巴彦淖尔市独有的自然风貌对气候和水质的要求较高，同时积极开展了水生态系统保护与修复工程，投资支持了"自来水水源地综合整治工程""乌梁素海底泥治理与生境改善工程""乌梁素海生物多样化保护工程"等一系列工程建设。2016～2017 年，巴彦淖尔市水生态系统调节服务价值由 26.47 亿元增长到 49.96 亿元，增幅显著，这是由于河套灌区沈乌灌域节水改造工程的实施提高了渠道和田间灌溉水利用效率，节约了灌溉用水量，还缩短了渠道运行时间，节约了农业用工人数。

（4）鄂尔多斯市水生态系统服务价值演进分析。

对鄂尔多斯市 2003～2017 年水权交易为地区带来的供给、支持、调节、文化四大服务价值进行分析，其时空结构分布如图 5-11 所示。

由图 5-11 可知，2003～2017 年，鄂尔多斯市水生态系统服务价值由 83.38 亿元增长到 1317.03 亿元，年均增幅为 21.79%。2003～2013 年，通过推行水权交易，

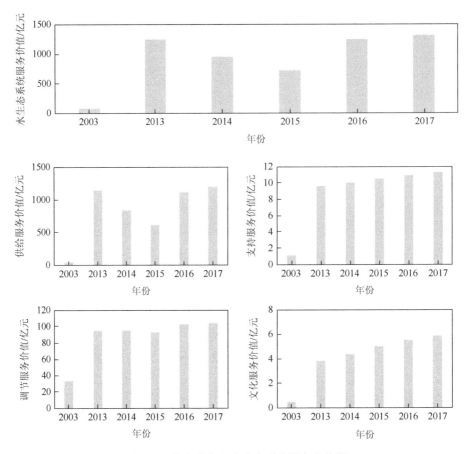

图 5-11　鄂尔多斯市水生态系统服务价值图

鄂尔多斯市水生态系统供给服务价值由 48.83 亿元增长至 1149.89 亿元，在此期间，经济总量急剧增长，内部结构显著改善，工业企业数量增长迅速，工业产值持续高速增长，财政收入年均增长 41.9%。通过鄂尔多斯市水权转让一期、二期工程，在用水总量不增加的情况下，引导水资源向经济价值高的方向转化，工业项目通过建设引黄灌区节水改造工程获得了水权，保障了农业-工业协调发展，依靠高效节水现代农业、经济结构调整推动区域用水结构调整，发挥市场资源配置功能，实现水资源向高效率、高效益行业转让。2013～2016 年，鄂尔多斯市水生态系统的调节服务价值由 94.8 亿元增长到 102.48 亿元，保持稳定增长。鄂尔多斯市积极进行污染控制，对河道进行清淤改造，对灌区进行灌排分离和排水渠改造，对畜禽养殖场废弃物进行回收处理，对面源污染严重的地区加大治理力度。土壤盐渍化状况得到改善，灌域天然植被覆盖率也有所提高，水质调节服务价值和气候调节服务价值显著提升。2016～2017 年，鄂尔多斯市水生态系统文化服务价值、支持服务价值都呈现增长态势，这得益于鄂尔多斯市退沙工作的成功开展，生态环境得到改善，文化旅游收入逐年提高。

3）水生态系统服务价值评估结论

根据所计算的黄河流域内蒙古地区水生态系统服务价值及其时空分析结果，从供给、支持、调节、文化四个方面的服务价值得出评估结论。

（1）供给服务价值评估结论。

黄河流域内蒙古地区开展水权交易以来，通过农业节水反哺工业用水来实现水资源的合理配置，在保障农业生产实现稳定增长的同时，满足了工业生产所需水量，实现了黄河流域内蒙古地区工业经济发展的腾飞。在水权转让项目的实施过程中，节水工程的配套实施减少了农业灌溉用水量，解决了工业用水短缺的根本问题，水生态系统供给服务价值逐年增加，自 2003 年的 86.62 亿元增加至 2017 年的 1678.94 亿元。

（2）支持服务价值评估结论。

黄河流域内蒙古地区在开展水权交易工作的同时，通过防沙治沙工程提高区域环境承载水平，探索生态补偿机制，突出重点区域治理，把防沙治沙与水权交易配套工程相结合，激发水权交易潜力，水生态系统支持服务价值逐年增加，自 2003 年的 2.82 亿元增加至 2017 年的 26.28 亿元。

（3）调节服务价值评估结论。

黄河流域内蒙古地区开展水权交易以来，以生态优先理念作为水权交易指导理念，在对水资源进行科学合理再分配的同时，对地方生态环境进行保护和修复，水生态系统调节服务价值逐年增加，自 2003 年的 3.83 亿元增加至 2017 年的 183.47 亿元。

（4）文化服务价值评估结论。

黄河流域内蒙古地区开展水权交易以来，一系列生态环境修复工作的开展大幅度改善了区域生态环境及涉水景观，促进了当地旅游产业的快速发展，水生态系统文化服务价值逐年增加，自 2003 年的 0.44 亿元增加至 2017 年的 10.96 亿元。

5.3　江苏省水生态系统服务价值管理

水生态系统服务是水生态文明建设的根本要素，水生态系统服务价值管理是实现水生态文明建设的管理路径。为了分析江苏省水生态文明建设状态，本节首先对江苏省水生态系统服务现状进行分析，然后建立基于物质量核算的江苏省水生态系统服务承载力评价指标体系，以评估江苏省自推进水生态文明建设以来，其水生态系统维持其服务效用和可持续发展能力。

1. 江苏省水生态系统现状

江苏省位于中国大陆东部沿海中心，平原辽阔，跨江滨海，水网密布，湖泊众多，雨量丰沛。据 2014 年数据显示，江苏省水资源量为 399.3 亿 m³，用水量为 480.7 亿 m³，耗水量为 270.8 亿 m³，全省年降水量为 1044.5mm。与同纬度地区相比，该省雨水充沛，年际变化小，年降水变率为 12%～24%。

江苏省的水生态文明建设经历了从被动到主动、从无意识到有意识的发展过程。"十二五"以来，重点河流、湖泊、水功能区水质得到改善。2014 年，全省监测 826 条河流、1649 个水质断面，控制河长 18489.8km。综合评价结果显示，优于Ⅲ类水（含Ⅲ类水）的断面超 80%，饮用水源地水质合格率达 97%；全省 60% 的水源地完成达标建设，80% 的市、县建成应急备用水源或实现双水源供水；防灾减灾工程体系日益完善，淮河下游防洪标准基本达到百年一遇，太湖、沂沭泗流域、长江堤防、沿海堤防防洪标准基本达到五十年一遇；水资源管理制度建设逐步得到深化；苏州、无锡、扬州、徐州等 9 个市列入国家级水生态文明城市建设试点，并有高淳区等 18 个省级水生态文明试点县（市、区）。水生态文明建设进程总体呈现向好态势。

但也需清醒地认识到江苏省水生态文明建设中存在一些突出的"两难问题"。

（1）水量性缺水与水质性缺水并存。

江苏省人均水资源量仅排全国第 24 位，是全国平均水平的 1/5，世界平均水平的 1/20；年过境水量为 9490 亿 m³，年抽引长江水量为 194 亿 m³，过境水量、抽引长江水量占入境水量的 96.8%；2014 年全省水面面积较 1978 年减少了 1314km²，其中，湖泊水库面积减少 818km²；重点水功能区水质达标率仅为 50% 左右，近 2/3 的水体为劣Ⅲ类，大部分湖泊处于中～富营养水平。江苏省水资源综合规划成果表明，中等干旱年份，全省缺水量为 28.9 亿 m³，特殊干旱年份，全省缺水量为 51 亿 m³，年均缺水量为 10.3 亿 m³。

（2）沿江城市人口产业集聚度过高与水污染加重并存。

该区域为江苏省政治、经济、文化的核心地带，人口密度大，城镇化水平高，经济发展快，其中，2013 年，太湖流域总人口为 5971 万人，占全国总人口的 4.4%；地区生产总值为 57957 亿元，占国内生产总值的 10.2%；人均地区生产总值为 9.7 万元，是人均国内生产总值的 2.3 倍。但同时，工业结构性污染严重，农业面源污染加剧，生活污水排放总量大，其中，城镇居民生活废、污水排放量为 19 亿 t，第二产业废、污水排放量为 31.6 亿 t，第三产业废、污水排放量为 14.1 亿 t。加之水系连通，水污染控制难度大。长江水利委员会水文局下游水文资源勘测局检测资料显示，长江中下游Ⅲ类水比例逐年上升。区域水平衡被打破，人类福祉与社会经济受到严重制约。

（3）沿海城市水资源严重匮乏与用水需求量缺口较大并存。

该区域滨邻东海，包括南通、盐城二市，两市总人口为 1596.1 万人，地区生产总值为 9488.3 亿元，占全省地区生产总值的 14.57%。区域内淡水资源匮乏，其中，盐城市人均水资源量不足全国平均水平的 1/3。该区域处于江、淮供水末梢，输水过程中的污染加大了淡水供给压力，海水淡化技术及能力有限，水资源短缺严重；入海排污口超标排放工业及生活污水致使近海污染面积具有扩大趋势，其中，盐城、南通近岸海域为严重污染区域，海水水质为劣 IV 类；生境破损严重，海岸侵蚀加剧，使得原本丰富的湿地、海洋生物多样性锐减。

（4）沿东陇海城镇轴水资源不足与开发过度并存。

该区域包括徐州、连云港二市，是江苏省乃至全国的交通枢纽，是"一带一路"倡议的重要节点城市。区域内矿业、机械、海洋、农业等领域发展较好，2014 年，徐州市第二产业增加值达 1883.70 亿元，连云港港口吞吐量达 2.1 亿 t。区域内水资源有限且时空分布不均，工、农业用水主要依靠调水工程来保障；地下水开采严重，徐州市区、丰县等多地深层地下水资源已经处于过度超采状态；与此同时，丰县、睢宁县、灌南县等年人均收入仅为全省平均水平的 1/3，催生经济-生态恶性循环。

（5）沿运河城市水环境容量偏低与水生态管理水平相对滞后并存。

该区域包括宿迁、淮安二市，纵向贯穿江苏省西北内陆，总面积为 18627km²，包括江苏省两大重点湖泊：洪泽湖和骆马湖。两市经济基础薄弱，地区生产总值在省内均排名靠后；用水效率低下，淮安市万元地区生产总值用水量为 130m³，约为全省平均水平的 1.76 倍；水环境容量偏低，可容纳污染物空间已近极限。同时，该区域管理体制、管理水平、管理技术以及居民水生态意识落后，水生态管理的各项工作层次较低，不能适应水安全有效保障、水资源可持续利用、水生态系统健康、水环境优美和谐的时代要求。

要推进江苏省水生态文明建设，大方面要把握两个规律：①自然规律，即自然条件和水情特点。江苏省既是丰水省份也是缺水省份，水资源时空分布不均，水土资源空间不匹配，人水争地、生产生态争水等问题较为突出。②经济社会发展规律，即江苏省经济社会发展的阶段特征。江苏省总体上仍处于工业化中后期，粗放增长模式与脆弱资源供给矛盾日益增大，水生态文明建设出现问题有其必然性。具体工作层面应着力解决四个问题：一是水生态文明意识薄弱，一些地区决策者和公众对水生态保护缺乏足够重视；二是管理保护力度不够，长期存在重效益、轻公益，重经济、轻环保，重生产、轻生态现象，水资源开发布局不合理，管理和保护欠账较大；三是决策机制及体制不健全，环境保护一票否决机制执行不彻底，污染型、土地型财政普遍存在，导致政府与污染企业利益趋同；四是对水生态系统建设和保护投入不足。今后一个时期是江苏省生态环境质量转变的"拐点期"，同时是污染排放的"峰值期"。水生态环境可能存在鲜明的两面性：

由于区域经济发展不平衡、产业结构调整不到位、城乡发展不同步，在先发地区生态环境有所改善的同时，潜伏着后发地区因发展阶段所限而污染增加的可能；在新的高端产业支撑尚未形成的同时，潜伏着传统产业因地位未变而污染增加的可能；在城市水生态大幅改善的同时，潜伏着农村水环境因治理滞后而污染增加的可能。

2. 基于物质量核算的江苏省水生态系统服务承载力评价

总结前人研究可见，水资源承载力是指在一定流域或区域内，在特定社会、经济与技术条件下，其自身的水资源能够持续支撑经济社会发展规模的能力。相较之下，水生态系统服务内涵增添了水生态系统及其生态过程所形成及所维持的人类赖以生存的自然环境条件与效用。因此，水生态系统服务承载力应为水生态系统维持其服务效用和自身可持续的能力。

本节基于第 4 章提出的水生态系统服务物质量测度模型，结合江苏省水生态系统特征，核算出江苏省水生态系统服务物质量。选取能够表征水生态系统服务承载力的水生态系统服务物质量指标，通过建立江苏省水生态系统服务承载力评价指标体系来评估该区域水生态系统维持其服务效用和自身可持续的能力。

按照系统性原则、功能性原则和可操作性原则建立江苏省水生态系统服务承载力评价指标体系，如图 5-12 所示。本指标体系由总体层、系统层、变量层构成，总体层为江苏省水生态系统服务承载力，系统层设立水生态资源系统、水生态环境系统、水生态经济系统、水生态生活系统。水生态系统服务承载力评价指标体系提供了一个庞大而严密的定量式决策大纲，依据各个指标的表现和位置，既可以分析、比较、判别、评价水生态系统服务承载力的状态和总体态势，又可以还原、复制、模拟、预测水生态系统服务承载力未来的演化、方案预选和监测评价。它可以成为决策者、实施者和公众认识与把握可持续发展的基本工具。

（1）总体层。总体层表达水生态系统对江苏省社会经济发展承载的总体能力，它代表总体态势和总体效果。研究成果将给出江苏省水生态系统（承载体）和社会、经济、环境发展的规模（被承载体）之间的协调程度，识别、跟踪、诊断水生态系统是否处于可持续发展状态，以在水生态系统覆盖的空间范围内实现经济、社会与环境协调发展。

（2）系统层。水生态承载能力的研究强调人类与水环境的和谐，实现社会经济可持续发展。水生态系统对社会、经济、环境发展总体承载力可按其内部的逻辑关系和函数关系分别表达为水生态资源系统（B_1）、水生态环境系统（B_2）、水生态经济系统（B_3）、水生态生活系统（B_4）。

B_1：水生态资源系统，是指支撑江苏省社会经济发展和维系良好生态环境的水资源系统。

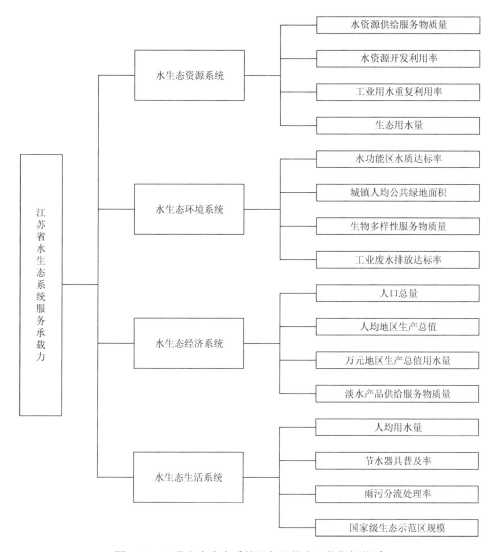

图 5-12　江苏省水生态系统服务承载力评价指标体系

B_2：水生态环境系统，是江苏省水生态系统在环境容量层的体现，反映水资源承载力和生态承载力、环境承载力之间的关系。

B_3：水生态经济系统，是指在一定水生态系统基础上可支撑的江苏省社会经济发展规模、结构和水平。

B_4：水生态生活系统，是指水生态文明建设引导下的生态生活方式。

（3）变量层。基于水生态系统服务物质量测度，采用 16 个可测的、可比的、可得的、表征水生态系统服务物质量的指标代表，对变量层的数量表现、强度表现、速率表现给予直接的度量，由 $C_1, C_2, \cdots, C_{16}$ 构成，它们组成了指标体系的最基层的要素。各要素含义及计算方法解释如下。

C_1：水资源供给服务物质量（m^3），指江苏省水资源量。

C_2：水资源开发利用率（%），指天然水资源被利用的程度，即已开发利用的水资源量占总水资源量的比值。

C_3：工业用水重复利用率（%），指工业用水中重复利用的水量与工业用水量的比值。

C_4：生态用水量（m^3），指生态环境修复与建设或维持生态环境质量现状的用水量。

C_5：水功能区水质达标率（%），指水功能区水质达到国家规定标准的数量占水功能区数量的比例。

C_6：城镇人均公共绿地面积（m^2），指城镇公共绿地面积的人均占有量。

C_7：生物多样性服务物质量，指在一定时间和一定地区所有生物（动物、植物、微生物）物种及其遗传变异和生态系统的复杂性总称。这里以生物种类为统计值。

C_8：工业废水排放达标率（%），指地区工业废水排放达标量占其工业废水排放总量的比例。

C_9：人口总量（万人），指地区年常住人口总量。

C_{10}：人均地区生产总值（元/人），描述经济发展水平的指标之一，由地区生产总值与人口数的比值而得。

C_{11}：万元地区生产总值用水量（m^3/万元），从水资源角度描述科技水平对地区生产总值贡献率的指标。

C_{12}：淡水产品供给服务物质量（万 t），指淡水渔业生产的动、植物及其加工产品年产量。

C_{13}：人均用水量（m^3/人），指每一用水人口平均每年的生活用水量。

C_{14}：节水器具普及率（%），指在用用水器具中节水型器具数量占在用用水器具数量的比例。

C_{15}：雨污分流处理率（%），指经过雨污分流设施处理的水量占雨水与污水总量的比例。

C_{16}：国家级生态示范区规模（个），指国家审核批准的生态示范区数量。

表 5-21～表 5-25 为水生态系统服务承载力及水生态资源系统、水生态环境系统、水生态经济系统、水生态生活系统的判断矩阵。

表 5-21　判断矩阵——水生态系统服务承载力

水生态系统服务承载力	水生态资源系统	水生态环境系统	水生态经济系统	水生态生活系统
水生态资源系统	1	1	1	1
水生态环境系统	1	1	1	1

水生态系统服务承载力	水生态资源系统	水生态环境系统	水生态经济系统	水生态生活系统
水生态经济系统	1	1	1	1
水生态生活系统	1	1	1	1

其中，权重向量 = (0.25, 0.25, 0.25, 0.25)，最大特征根 λ_{max} = 4；一致性指标 CI = 0；随机一致性指标 RI = 0.9；一致性比率 CR = 0，通过一致性检验。

表 5-22　判断矩阵——水生态资源系统

水生态资源系统	水资源供给服务物质量	水资源开发利用率	工业用水重复利用率	生态用水量
水资源供给服务物质量	1	2	3	2
水资源开发利用率	1/2	1	2	2
工业用水重复利用率	1/3	1/2	1	1/2
生态用水量	1/2	1/2	2	1

其中，权重向量 = (0.4182, 0.2707, 0.1205, 0.1906)，最大特征根 λ_{max} = 4.071；一致性指标 CI = 0.024；随机一致性指标 RI = 0.9；一致性比率 CR = 0.027，通过一致性检验。

表 5-23　判断矩阵——水生态环境系统

水生态环境系统	水功能区水质达标率	城镇人均公共绿地面积	生物多样性服务物质量	工业废水排放达标率
水功能区水质达标率	1	2	2	2
城镇人均公共绿地面积	1/2	1	2	2
生物多样性服务物质量	1/2	1/2	1	3
工业废水排放达标率	1/2	1/2	1/3	1

其中，权重向量 = (0.3835, 0.2732, 0.2185, 0.1248)，最大特征根 λ_{max} = 4.215；一致性指标 CI = 0.072；随机一致性指标 RI = 0.9；一致性比率 CR = 0.08，通过一致性检验。

表 5-24　判断矩阵——水生态经济系统

水生态经济系统	人口总量	人均地区生产总值	万元地区生产总值用水量	淡水产品供给服务物质量
人口总量	1	2	2	3
人均地区生产总值	1/2	1	1	2

水生态经济系统	人口总量	人均地区生产总值	万元地区生产总值用水量	淡水产品供给服务物质量
万元地区生产总值用水量	1/2	1	1	2
淡水产品供给服务物质量	1/3	1/2	1/2	1

其中，权重向量 = (0.4236, 0.2270, 0.2270, 0.1224)，最大特征根 λ_{max} = 4.0104；一致性指标 CI = 0.003；随机一致性指标 RI = 0.9；一致性比率 CR = 0.004，通过一致性检验。

表 5-25　判断矩阵——水生态生活系统

水生态生活系统	人均用水量	节水器具普及率	雨污分流处理率	国家级生态示范区规模
人均用水量	1	1	2	1
节水器具普及率	1	1	1	1/2
雨污分流处理率	1/2	1	1	1/2
国家级生态示范区规模	1	2	2	1

其中，权重向量 = (0.3367, 0.2095, 0.1683, 0.2855)，最大特征根 λ_{max} = 4.092；一致性指标 CI = 0.031；随机一致性指标 RI = 0.9；一致性比率 CR = 0.034，通过一致性检验。

综上所述，所构建的评价指标体系真实有效，能够用于评估江苏省水生态系统服务承载力。各指标对水生态系统服务承载力的权重如表 5-26 所示。

表 5-26　各指标对水生态系统服务承载力的权重

指标名称	权重	指标名称	权重
水生态资源系统	0.2500	生物多样性服务物质量	0.2185
水生态环境系统	0.2500	工业废水排放达标率	0.1248
水生态经济系统	0.2500	人口总量	0.4236
水生态生活系统	0.2500	人均地区生产总值	0.2270
水资源供给服务物质量	0.4182	万元地区生产总值用水量	0.2270
水资源开发利用率	0.2707	淡水产品供给服务物质量	0.1224
工业用水重复利用率	0.1205	人均用水量	0.3367
生态用水量	0.1906	节水器具普及率	0.2095
水功能区水质达标率	0.3835	雨污分流处理率	0.1683
城镇人均公共绿地面积	0.2732	国家级生态示范区规模	0.2855

根据层次分析法，江苏省水生态系统服务承载力计算结果如表 5-27 所示。

表 5-27　江苏省水生态系统服务承载力计算结果

年份	水生态系统服务承载力
2003	0.443
2004	0.444
2005	0.492
2006	0.631
2007	0.799
2008	0.930
2009	1.264
2010	1.519
2011	1.756
2012	1.722

由表 5-27 可知，2003～2012 年，江苏省水生态系统服务承载力由 0.443 增长到 1.722，2008～2011 年增幅显著，其中，2011 年达到最高（1.756），2011～2012 年回落。9 年间江苏省水生态系统服务承载力年均增幅为 16.28%，这一增幅与江苏省重视水生态文明建设，重点解决水生态文明建设中存在的一些突出难题，并且逐步改善水功能区生态状况有关。同时，江苏省水资源管理制度建设逐步完善，水生态文明建设进程总体呈现向好态势。

5.4　江西省萍乡市水生态系统服务价值管理

本节首先对江西省萍乡市的水生态系统现状进行总体介绍，其次对萍乡市水权交易各阶段的水生态系统服务价值的定价机制进行研究，分析三个阶段水权交易均衡价格的相互影响关系以及影响各阶段水权交易价格的关键因素和变化特征。

1. 江西省萍乡市水生态系统现状

江西省萍乡市水系众多、河网发达，从自然地理概况、社会经济概况和水资源特征三个方面对萍乡市的水生态系统现状进行介绍。

1）自然地理概况

萍乡市位于江西省西部，全市土地面积为 3827km^2，丘陵为主要地形特征，全境南北长约 117km、东西宽约 67km，占江西省土地面积的 2.3%。该市属于典型的亚热带湿润季风气候，降水充足。市内水系众多，河网发达，主要河流为萍水、栗水、草水、袁水和莲水。

2）社会经济概况

萍乡市处于长株潭经济圈的辐射核心区域，同时接受泛珠三角经济区和闽东南经济区的辐射。萍乡市常住人口为 190.11 万人，其中，城镇人口 125.24 万人，人口增长保持较低水平。萍乡市以第二产业为主导产业，其中，依托自然资源的传统工业是带动城市经济发展的主要力量。

3）水资源特征

萍乡市年降水量为 1584.5mm，年均水资源量为 35.68 亿 m^3。2013 年，全市降水量为 1299.5mm，水资源总量为 31.35 亿 m^3，较年均水资源量减少 12.1%，属枯水年份。2013 年，萍乡市主要河流评价河长为 279.5km，评价河段为 12 个，全年 II 类水河长 175.5km，占评价河长的 62.8%，III 类水河长 92.5km，占评价河长的 33.1%，IV 类水河长 11.5km，占评价河长的 4.1%。全市共有 7 个国家重要水功能区，21 个省级水功能区。

2. 江西省萍乡市水生态系统服务价格测算

利用 4.5 节构建的跨区域水权交易多阶定价模型，对萍乡市水权交易各阶段的水权交易价格进行研究，分析三个阶段水权交易均衡价格的相互影响关系，以及影响各阶段水权交易价格的关键因素和变化特征。

1）三阶段水权交易均衡价格分析

根据跨区域水权交易的特征和水资源的特殊属性，将跨区域水权交易划分为三个阶段，针对三个阶段的交易特征分别构建水权交易定价模型，分别求解得到水权交易均衡价格。在跨区域水权交易中，第一阶段均衡价格是基础，三个阶段相互影响，因此分析跨区域水权交易三阶段均衡价格的影响关系。

分析图 5-13 可以发现：①跨区域水权交易第一阶段均衡价格为[0.01, 3.87]元/m^3。当跨区域水权交易第二阶段受政府剩余水权控制权配置系数影响时，第二阶段均衡价格为[24.53, 24.60]元/m^3；当跨区域水权交易第二阶段受水资源稀缺性系数影响时，第二阶段均衡价格为[2.34, 15.98]元/m^3；当跨区域水权交易第二阶段受政府和企业风险偏好影响时，第二阶段均衡价格为[19.42, 24.24]元/m^3。跨区域水权交易第三阶段均衡价格为[4.35, 4.40]元/m^3。②第一阶段均衡价格与第三阶段均衡价格正相关，随着第一阶段均衡价格的升高，第三阶段均衡价格的升高由缓变快。当第二阶段均衡价格受政府剩余水权控制权配置系数影响时，第二阶段均衡价格与第三阶段均衡价格负相关，随着第二阶段均衡价格升高，第三阶段均衡价格降低；当第二阶段均衡价格受水资源稀缺性系数影响时，第二阶段均衡价格与第三阶段均衡价格正相关，随着第二阶段均衡价格升高，第三阶段均衡价格升高；当第二阶段均衡价格受政府和企业风险偏好影响时，第二阶段均衡价格与第三阶段均衡价格正相关，随着第二阶段均衡价格升高，第三阶段均衡价格升高。③第一阶段水权交易作为跨区域水权交易的基础，当第一阶段均衡价格升高时，表明跨区域水权交易中政府获得水权控制权的成本增加，因此，第三阶段均衡价格升高；当第二阶段水权交易受政府剩余水权控制权配置系数影响时，随着第二阶段均衡价格升高，表明政府可以分配得到更多的社会福利，水权交易作为准市场特征的交易，为促成水权交易达成，第三阶段均衡价格会降低；当第二阶段水权交易受水资源稀缺性系数影响时，随着第二阶段均衡价格升高，表明水资源在地区的稀缺性变高，企业更加认识到水资源对于企业发展的价值与意义，第三阶段均衡价格会升高；当第二阶段水权交易受政府和企业风险偏好影响时，随着第二阶段均衡价格升高，表明政府是风险追求者，为追求更大的收益，第三阶段均衡价格将升高。

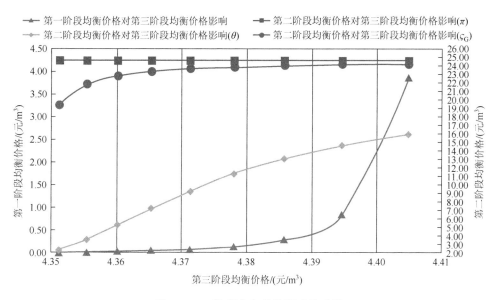

图 5-13　三阶段均衡价格影响关系图

2）基于动态微分博弈的水权控制权定价模型影响因素辨识

在基于动态微分博弈的水权控制权定价模型中，均衡价格主要受上级政府协调能力 k 和需求系数 β 影响，上级政府协调能力 k 主要刻画了上级政府对均衡价格的调节作用。跨区域水权交易具有典型的准市场特征，因此，结合参数厘定表，取 $k \in [0.01, 0.95]$，$\beta \in [0.01, 1]$，步长取 0.05，由 4.5 节公式分析上级政府协调能力和需求系数对均衡价格的影响关系。

分析图 5-14 发现，上级政府协调能力 k 与均衡价格 $p^*(t)$ 正相关，随着上级

政府协调能力 k 不断变大,均衡价格 $p^*(t)$ 以由快到慢再到快的速度不断变大,变化趋势符合逻辑函数分布;需求系数 β 与均衡价格 $p^*(t)$ 正相关,当需求系数 β 变大时,均衡价格 $p^*(t)$ 以由快变慢的速度不断变大,变化趋势服从对数函数分布。

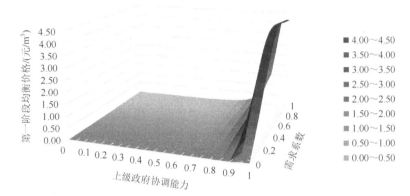

图 5-14　上级政府协调能力和需求系数双因素敏感性分析

进而取上级政府协调能力 $k = 0.6$,分析需求系数 β 对均衡价格 $p^*(t)$ 的影响;另外,取需求系数 $\beta = 0.5$,分析上级政府协调能力 k 对均衡价格 $p^*(t)$ 的影响,得出需求系数敏感性和上级政府协调能力敏感性。

分析图 5-15 发现,从均衡价格的变化范围和变化幅度考虑,上级政府协调能力比需求系数的影响更为显著。

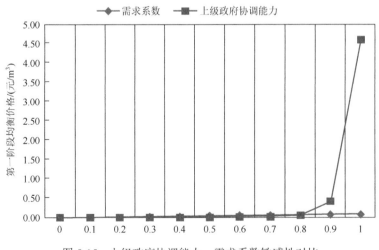

图 5-15　上级政府协调能力、需求系数敏感性对比

上级政府协调能力 k 和需求系数 β 影响人类对水资源价值的认知，因此，分析水资源价值函数系数 a、b 与水资源价值函数的影响关系，如图 5-16 和图 5-17 所示。

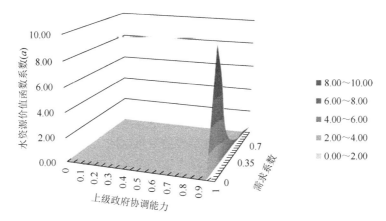

图 5-16　水资源价值函数系数 a 的曲线图

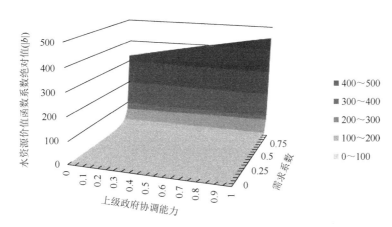

图 5-17　水资源价值函数系数 b 的曲线图

分析图 5-16、图 5-17 发现：①上级政府协调能力 k、需求系数 β 对水资源价值函数影响显著，$a > 0$，且 a 随着 k 的增大而增大，当 $k > 0.7$ 时，a 的增大幅度显著变大。②上级政府协调能力 k、需求系数 β 影响水资源价值函数的变化趋势如下，随着 k、β 的增大，$|a|$ 不断增大，$|b|$ 也不断增大，b 不断减小。③水资源价值函数反映了人类理解水资源价值的过程，即从轻视水资源的宝贵性至不断重视水资源的价值。

3）基于不完全契约的水权交易工程水价定价模型影响因素辨识

在基于不完全契约的水权交易工程水价定价模型中，均衡价格主要受政府剩余水权控制权配置系数 π、水资源稀缺性系数 θ、政府和企业在水权交易中的风险偏好 ς_G、ς_C 影响。其中,政府剩余水权控制权配置系数 π 主要表征政府对水权交易契约外产生的社会福利的配置能力,当 $\pi = 0$ 时,水权交易契约外产生的社会福利完全由企业分配;当 $\pi = 1$ 时,水权交易契约外产生的社会福利完全由政府分配。水权交易是买卖双方的交易行为且具有准市场的属性,因此,$\pi = 0$ 和 $\pi = 1$ 不符合实际情况。取 $\pi \in [0.1, 0.9]$,步长取 0.1,由 4.5 节公式分析政府剩余水权控制权配置系数和均衡价格的敏感性。

分析图 5-18 发现:①政府剩余水权控制权配置系数 π 与均衡价格负相关,随着政府剩余水权控制权配置系数增大,均衡价格匀速缓慢降低,整体服从线性函数分布。②在政府剩余水权控制权配置系数的取值范围,政府剩余水权控制权配置系数对于均衡价格的变化范围和变化幅度影响较小。③政府剩余水权控制权配置系数表征政府对水权交易契约外产生的社会福利的分配能力,政府剩余水权控制权配置系数大,表明在水权交易中政府可以分配得到更多的社会福利。相应地,企业将获得更少的社会福利。从交易的公平性出发,为促进水权交易达成,水权交易均衡价格将适度降低。此外,由于政府剩余水权控制权配置系数对水权交易契约外产生的社会福利进行分配,社会福利主要由税收和企业供水费用转换而来。由于水权交易具有准市场和准公共物品属性,水权交易均衡价格不会过高,社会福利不会过大,政府剩余水权控制权配置系数对均衡价格的影响范围和影响幅度不会过大。

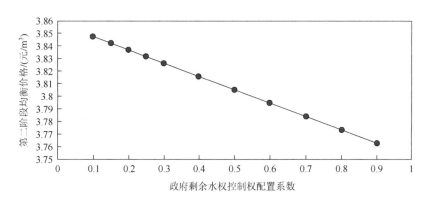

图 5-18　政府剩余水权控制权配置系数敏感性分析

水资源稀缺性系数 θ 主要刻画水资源在地区的需求与供给关系。当 $\theta = 0$ 时,水资源的供给完全满足需求,不存在水资源短缺情况;当 $\theta = 1$ 时,水资源供给完全无法满足需求,水资源完全紧缺。因此,$\theta = 0$ 和 $\theta = 1$ 不符合实际情况,取 $\theta \in [0.1, 0.9]$,步长取 0.1,由 4.5 节公式分析水资源稀缺性系数和均衡价格的敏感性。

　　分析图 5-19 发现：①水资源稀缺性系数与均衡价格正相关，随水资源稀缺性系数的增大，均衡价格以由慢变快的速度不断升高，整体变化趋势服从逻辑函数分布。②当 $\theta \in [0.1, 0.3]$ 时，均衡价格缓慢升高；当 $\theta \in (0.3, 0.9]$ 时，均衡价格显著升高。水资源稀缺性系数 $\theta = 0.3$ 为分水岭值，即当 $\theta > 0.3$ 时，水资源稀缺性系数对均衡价格具有显著影响。

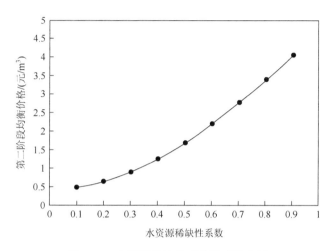

图 5-19　水资源稀缺性系数敏感性分析

　　政府和企业的风险偏好 ς_G、ς_C 表现了政府和企业在水权交易中对待风险的态度。当 $\varsigma_G = 0$ 和 $\varsigma_C = 0$ 时，政府和企业是完全的风险回避者；当 $\varsigma_G = 1$ 和 $\varsigma_C = 1$ 时，政府和企业是完全的风险爱好者。因此，$\varsigma_G = 0, \varsigma_C = 0$ 和 $\varsigma_G = 1, \varsigma_C = 1$ 不符合实际情况，取 $\varsigma_G, \varsigma_C \in [0.1, 0.9]$，步长取 0.1，由 4.5 节公式分析政府风险偏好、企业风险偏好和均衡价格的敏感性。

　　分析图 5-20 发现：①政府风险偏好与均衡价格正相关，随着政府风险偏好增大，均衡价格以由快至慢的速度不断升高，变化趋势服从对数函数分布。企业风险偏好与均衡价格负相关，随着企业风险偏好的增大，均衡价格的降低呈现由快变缓的趋势，整体服从对数函数分布。②当政府风险偏好 $\varsigma_G \in [0.1, 0.4]$ 时，均衡价格显著升高；当政府风险偏好 $\varsigma_G \in (0.4, 0.9]$ 时，均衡价格缓慢升高。$\varsigma_G = 0.4$ 为分水岭值，即当 $\varsigma_G > 0.4$ 时，政府风险偏好对均衡价格的影响出现缓慢趋势。当企业风险偏好 $\varsigma_C \in [0.1, 0.7]$ 时，均衡价格显著降低；当企业风险偏好 $\varsigma_C \in (0.7, 0.9]$ 时，均衡价格缓慢降低。$\varsigma_C = 0.7$ 为分水岭值，即当 $\varsigma_C > 0.7$ 时，企业风险偏好对均衡价格的影响出现缓慢趋势。③相较于政府风险偏好，企业风险偏好对于均衡价格的变化范围和变化幅度影响更为显著。

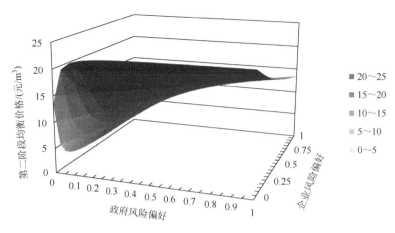

图 5-20　政府和企业风险偏好双因素敏感性分析

4）基于纳什议价的水权使用权定价模型影响因素辨识

在基于纳什议价的水权使用权定价模型中，均衡价格主要受政府议价能力系数 λ 影响。政府议价能力系数反映了政府主体在 Nash bargaining 模型中的话语权，表征了政府在水权交易中的议价能力。根据实际情况和参数取值情况，取 $\lambda \in [0.1, 0.9]$，步长取 0.1，由 4.5 节公式分析政府议价能力系数和均衡价格的敏感性。

分析图 5-21 发现：①政府议价能力系数与均衡价格正相关，随着政府议价能力系数的增大，均衡价格以由慢至快的速度不断变大，变化趋势符合对数函数分布。②政府和企业的议价能力系数之和为 1，当政府议价能力系数增大时，相应的企业议价能力系数减小，企业在水权交易中的话语权变小。

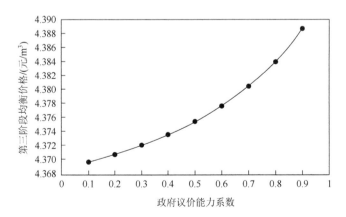

图 5-21　政府议价能力系数敏感性分析

5.5　本 章 小 结

　　基于第 4 章构建的适用于水生态系统服务功能物质量测度、物质量价值化以及价值量价格化的评估模型,本章展开了围绕水生态系统服务物质量、价值量和服务供需均衡度的研究。首先,选取杭嘉湖区域、黄河流域内蒙古地区水生态系统来研究流域水生态系统服务价值管理;其次,选取江苏省、江西省萍乡市水生态系统来研究区域水生态系统服务价值管理,从实践的角度分析水生态系统服务价值管理理论及模型的合理性与可行性。

第6章 多尺度水生态系统服务适应性管理政策与对策

本章基于多尺度水生态系统服务适应性管理对策定位，说明多尺度水生态系统服务适应性管理政策变迁机理，提出适应性管理对策框架，并在此基础上，给出切合典型流域（区域）水生态系统服务水平的适应性管理对策。

6.1 多尺度水生态系统服务适应性管理政策

多尺度水生态系统服务适应性管理政策帮助决策者在分析典型流域（区域）水生态系统服务利用现状的基础上，辨识水生态系统服务管理的制度建设瓶颈，定位水生态系统服务适应性管理政策的制度建设需求。因此，本节在深入理解水生态系统服务适应性管理政策变迁机理的基础上，提出水生态系统服务适应性管理政策框架。

6.1.1 水生态系统服务适应性管理政策定位

水生态系统服务管理系统是一个复杂系统。各个子系统内、子系统间存在不断演化的互动关系，影响着水生态系统服务的供需，水生态系统服务的供需又影响着人与水、人与人之间的关系。因此，推进水生态系统服务适应性管理必须精准定位水生态系统服务管理需求、管理目标以及管理模式。

1. 需求定位

过去，大规模修建工程和过度开发资源忽略了水生态保护的重要性，引发了严重的水生态系统服务不可持续利用问题。经济发展与资源匮乏、水生态环境恶化之间的矛盾日渐凸显，人们开始意识到水生态系统是人类生存发展的基础支撑。显然，不考虑水生态系统服务功能可持续利用的发展是不可持续的。然而，水生态系统服务功能价值管理面临水生态系统服务有价的认知障碍、水生态系统服务价值受到很多因素影响而难以量化，以及水生态系统服务功能管理制度缺位等诸多挑战。再加上近年来气候变化使得水生态系统不确定性增强，同时，人类社会经济变化迅速，水生态系统服务管理问题更具有复杂性、多变性和不确定性。在这种背景下，水生态系统的现实情况与和谐、可持续发展愿望之间的差距就会很大，对水生态系统服务适应性政策的需求应运而生。

2. 目标定位

水生态系统服务适应性管理政策侧重于把握两个关系：一是人与自然关系，即人文尺度与自然尺度的耦合关系；二是人与自然耦合状态中人与人的关系，即多利益相关者的互动关系。在这两个关系的指导下，基于更为科学的水生态系统服务价值量测度方法，结合典型流域（区域）水生态系统服务功能管理的实际需求，为流域（区域）水生态系统服务适应性管理政策体系构建提供理论依据。

3. 模式定位

水生态系统服务适应性管理模式包含两个层面：治理层面侧重于通过政策规则的设计实现利益主体间关系的协调；运作层面侧重于通过市场、技术、工程等途径提升水生态系统服务适应性管理效度。

水生态系统服务适应性管理过程是政府促进多主体协作与创新的过程，在这一过程中，需要适应性的制度安排模式予以保障。治理层面主要处理人与水的关系以及人与人的关系，处理两个关系的根本在于人，通过对人的治理实现人水、人人的协调，因而需要一个多主体合作模式来确定如何实现人的治理。水生态系统服务适应性管理的关键在于明确、合理地配置政府、市场及公众之间的权利、责任和利益，从而形成有效的制衡关系。同时，需要有效利用各类不确定性因素预估结果，协调和优化发展战略，使其得到有效实施和提升。为减少不确定性因素的负面影响，争取更多的发展机会，需要在运作层面通过各种预估技术估计因素的变化趋势，对应采用适应性管理措施，调整发展计划和规划。

政策制定者或其他利益相关者应对不确定环境下现实的或潜在的水生态系统服务功能管理问题有所察觉，对水生态系统服务适应性管理的客观需求产生认同，形成水生态系统服务适应性管理政策，具备应对环境变化带来的风险和压力的主观愿望，才可能推动政策制定与运作。

6.1.2　水生态系统服务适应性管理政策变迁

水生态系统服务适应性管理政策变迁分析落脚于制度变迁理论。制度变迁理论认为，一旦生产技术、资源的相对价格、外生交易费用、制度选择集等因素发生变化，人们就会产生对新的制度服务的需求。原有的制度均衡被打破，出现制度失衡，如果制度变迁的交易费用不至于过高，新制度安排的获利机会就会出现。

1. 政策变迁机制

水生态系统服务适应性管理系统是一个自然-经济-社会的复合系统，存在复杂的内在联系，且系统具有涌现性和主体适应性。结合制度变迁理论，水生态系统服务适应性管理政策的作用在复合系统中具有传导性：①政策引导下中观及微观主体行为的改变会造成经济社会系统在宏观层面的变化；②原有的制度均衡被打破，经济社会系统的变化最终会对整个水生态系统服务适应性管理政策的制度变迁产生影响，产生新的政策。

首先，在政策引导下，通过集体环境中的相互交流和学习，低层次微观个体（公众及个体经营户）的水生态系统服务价值认知和服务利用行为演化涌现出中观群体（企业及相关产业部门、地方水务部门）的新认知和行为特征，导致各群体之间的竞合关系发生变化。这一系列变化长期向上扩散到宏观层面，一方面，影响了水生态系统服务利用方式、地区产业结构调整等；另一方面，经济发展方式变化和环保意识增强促进社会范围内的水生态系统服务价值观的共同认知形成，并影响水生态系统服务适应性管理政策的变迁。

其次，经济社会系统发展模式的转变能够减少人类活动对自然生态的不利影响、改善自然生态环境，修复后的自然生态系统能更好地支撑经济社会系统发展。由此，水生态系统服务适应性管理政策的作用将从经济社会系统传导至整个水生态系统服务管理系统，使系统进入一个不断自我完善的良性循环。

概括而言，水生态系统服务适应性管理政策主要通过引导具有适应性的经济主体在不断的学习实践中改变行为偏好，并借由系统的内在联系，将引导作用从经济社会系统传导至整个系统。因此，需要将水生态系统服务适应性管理政策的制定重心从依赖命令控制型政策转移到综合利用经济激励政策和社会化手段，通过激励多利益相关者梳理水生态系统服务价值观、主动控制自我不同层次的需求，缓解人人冲突、减轻人水冲突，使水生态系统服务管理系统有向持续稳定、健康状态发展的驱动力。

2. 政策变迁路径

水生态系统服务适应性管理政策的变迁是一种自下而上的诱致性制度变迁模式，以下因素可能诱导水生态系统服务价值的利用环境发生较大变化：①水生态系统服务价值观意识的加强；②新知识、新技术的投入使得采取新的行动成为可能；③水生态系统服务管理方式的成熟；④水生态系统服务稀缺性的进一步扩大。

水生态系统服务适应性管理政策的变迁路径如图 6-1 所示。

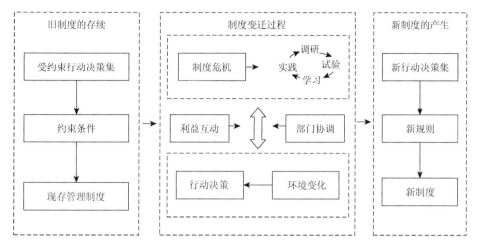

图 6-1　水生态系统服务适应性管理政策的变迁路径

　　水生态系统服务适应性管理政策变迁的特征如下：①以问题为导向；②主体来自基层；③力量来自客体；④程序为自下而上。水生态系统服务适应性管理政策的变迁以其资源禀赋现状、社会认知水平、技术水平为起点，通过环境诱致、探索实践、上层规制、社会选择四层螺旋上升过程，打破现有制度困局，实现新规则、新认知、新制度的供给，达到水生态系统服务适应性管理政策新均衡。以水生态系统服务的可持续利用需求为前提、流域（区域）水生态系统服务矛盾现状为倒逼诱因，在制度和技术双缺的现状下，提出关注水生态系统服务价值量的方式来打破僵局，通过不断的"实践—调研—试验—学习"螺旋式探索，历经"功能认知—功能物质量测度—功能价值量测度"三个阶段，完成水生态系统服务适应性管理政策的变迁。

6.1.3　水生态系统服务适应性管理政策框架

　　水生态系统服务适应性管理政策框架的构建应该牢牢把握水生态系统服务价值观这一核心理念，提出满足流域（区域）水生态系统服务管理需求、与现有制度衔接的管理政策，实现水生态系统服务价值的可持续利用。

　　1. 水生态系统服务适应性管理政策框架的组成

　　水生态系统服务适应性管理政策框架由水生态文明建设政策框架、土地利用方式优化水生态系统服务管理政策框架、水权交易制度建设框架三个部分构成，如图 6-2 所示。

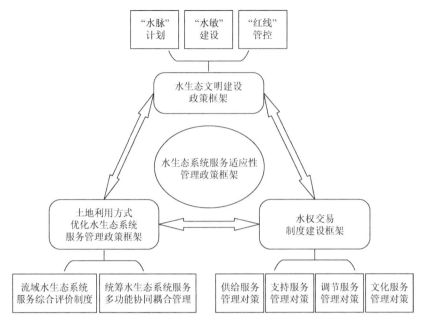

图 6-2　水生态系统服务适应性管理政策框架

2. 水生态文明建设政策框架

水生态文明建设政策框架主要选取江苏省水生态文明适应性建设为分析案例。江苏省水生态文明适应性建设是一个复杂的系统工程，需要从系统角度进行顶层规划设计，并依托江苏省水生态文明适应性建设理念，系统提出实施内涵与管控机制。结合江苏省水生态文明适应性建设所涉及的水生态系统服务利用现状，该部分的基本制度应包括江苏省水生态系统"水脉"计划、"水敏"建设以及"红线"管控三部分。其中，"水脉"计划是以江苏省河网水系为基础，依托江苏省水文化脉络，辅以工程措施，将具有完整水生态系统的城镇节点和水生态功能区通过河道串连，沟通全省水系，构建江苏省水生态空间布局的全局性规划。"水敏"建设是指遵循自然水循环和生态过程，着力将"水脉"计划与区域可持续发展有机结合，实现人与自然和谐发展的低影响开发模式，使生态系统、基础设施、经济社会满足可持续发展的要求。"红线"管控是为维护区域水生态系统安全及经济社会可持续发展而划定的生态功能区空间边界线，由红、蓝、绿三线组成。

3. 土地利用方式优化水生态系统服务管理政策框架

土地利用方式优化水生态系统服务管理政策框架主要选取杭嘉湖区域为分

析案例。着眼杭嘉湖区域社会经济发展与生态保护间的突出矛盾，构建水生态系统服务供需测度体系和供需均衡度分析框架，对杭嘉湖区域的水生态系统服务进行实证研究。结果显示四种参评服务的供需在研究期内存在不同程度的时空异质性。基于评估结果，提出建立与完善流域水生态系统服务综合评价制度、统筹水生态系统服务多功能协同耦合管理政策建议。

4. 水权交易制度建设框架

水权交易制度建设框架主要选取黄河流域内蒙古地区水权交易制度建设、江西省萍乡市水权定价制度建设为分析案例。黄河流域内蒙古地区开展水权交易以来，通过农业节水反哺工业用水来实现水资源的合理配置，在保障农业生产实现稳定增长的同时，满足了工业生产所需水量，实现了黄河流域内蒙古地区工业经济的腾飞。针对黄河流域内蒙古地区多年来开展的水权交易实践，基于水生态系统服务理论，运用水权交易效益综合评估框架，从供给、调节、文化、支持四大角度开展对水权交易工程成效的综合评估。基于评估结果，从水生态系统供给、调节、文化、支持方面给出适应性管理对策，以期推进黄河流域内蒙古地区水权交易制度建设。江西省萍乡市跨区域水权交易是一个复杂的交易系统，交易过程充满了不确定性，且具有典型的准市场特征，确定合理的跨区域价格是顺利实现跨区域水权交易的核心与关键。针对跨区域水权交易的定价问题，依据跨区域水权交易的特征，并考虑交易过程中的不确定性，将跨区域水权交易划分为三个阶段，在明晰不同阶段的水权交易价格内涵、交易主体利益诉求差异的基础上，提出规范水权交易定价的政策建议。

6.2　多尺度水生态系统服务适应性管理对策

针对典型流域（区域）水生态系统服务管理的实例研究，结合多尺度水生态系统服务适应性管理政策框架，提出相应的多尺度水生态系统服务适应性管理对策。

6.2.1　多尺度耦合下太湖流域水土资源适应性管理对策

基于服务价值的杭嘉湖区域水生态系统服务价值量测度结果显示，四种参评服务的供需在研究期内存在不同程度的时空异质性。杭嘉湖区域水生态系统动态演化的背后隐藏着一定程度的生态风险。对此，本书提出杭嘉湖区域水生态系统服务适应性管理对策。

1. 建立与实施杭嘉湖区域水生态系统服务综合评价制度

生态文明建设不断推进，生态优先理念逐渐普及，流域的管理必须建立在对流域水生态系统现状科学认知的基础之上。急需建立全面的、定量化的、动态化的水生态系统服务综合评价制度，并以此作为实践基础。本书构建了流域水生态系统服务供需价值综合测度机制，并应用于杭嘉湖区域的实证研究中。研究结果表明，流域水生态系统服务供需价值综合测度机制能够直观地获悉流域水生态系统服务价值及其时空异质特征，这有助于决策管理者厘清流域生态资产，预警流域生态风险，为流域空间正义的实现奠定基础。目前，生态系统服务评价研究层出不穷，研究方法趋于成熟化和多样化，但是，尚无决策管理者将评价研究成果转换为真正的评价制度，以应用于实践管理，研究和实践依旧处于脱钩状态。这一方面使得科学研究的实践价值难以实现，另一方面使得不具备科学支撑的生态系统管理活动始终无法有效地改善生态系统。

杭嘉湖区域应从物质量-价值量、静态-动态、全局-局部、供给侧-需求侧的角度综合考量，尽快建立杭嘉湖区域水生态系统服务综合评价制度。此外，从杭嘉湖区域水生态系统服务供需价值量测度结果可以看出，生态要素存在较强的动态性，且多数存在人为不可控性。因此，有必要配套跟踪评价与监测机制来确保评价制度的持续性，实时记录和反馈生态空间的全要素信息，实现存量和流量的两阶段管理。

2. 空间规划"多规合一"，实现水生态系统服务适应性管理

"多规合一"是将国民经济和社会发展规划、城乡规划、土地利用规划、生态环境保护规划等多个规划融合到一个区域上，实现一个市县一本规划、一张蓝图，解决现有各类规划自成体系、内容冲突、缺乏衔接等问题。《国家新型城镇化规划（2014—2020年）》《关于开展市县"多规合一"试点工作的通知》《关于加快推进生态文明建设的意见》《省级空间规划试点方案》从国家顶层设计层面提出了"多规合一"的空间规划革新方向。2018年，国务院机构改革方案决定新组建自然资源部，由自然资源部统一行使所有国土空间用途管制职责，为"多规合一"的落实迎来新机遇。

杭嘉湖区域水生态系统服务适应性管理的定位是解决流域生态保护与经济发展间的矛盾，实现路径则依托于土地利用空间格局优化。因此，后期的维护和管理必然涉及流域经济发展规划、土地利用规划、生态保护红线规划以及生态环境保护规划等。这就要求杭嘉湖区域践行"多规合一"的空间规划战略，由自然资源厅、局统一领导，国土、住建、水利、林业及农业等部门配合，划定最严格的生态保护红线，统筹水生态系统服务多功能协同耦合管理。

6.2.2　多尺度耦合下跨区域水权交易适应性管理对策

结合黄河流域内蒙古地区水生态系统服务管理案例，针对黄河流域内蒙古地区水权交易实践，从水生态系统的供给服务、支持服务、调节服务、文化服务四个方面构建了如下管理对策。

1. 供给服务方面

未来，黄河流域内蒙古地区的水权交易应当继续推行并深化制度改革，提高农业用水效率，在观念、意识、措施等各方面都将节水放在优先位置，切实把节水贯穿于工程建设的全过程。主要做到以下三点：一是加大水利灌溉工程的投资和建设力度，提高农业灌溉用水效率，全面实现灌区节水；二是提高水权交易流程管理水平，引入现代化的科学管理技术和方法，保障水权交易的实施，以水权交易的开展和配套工程的实施保障黄河流域内蒙古地区经济的发展；三是提高水资源配置合理水平，因地制宜地根据企业实际的用水需求和灌区配水份额进行科学配置，解决流域工业项目用水问题，保障地区经济社会可持续发展。

2. 支持服务方面

应按照中共十九大提出的"必须坚持节约优先、保护优先、自然恢复为主"的方针，认真贯彻落实中央农村工作会议精神，紧密结合乡村振兴战略，把防沙治沙作为林业生态保护建设的重中之重。主要做到以下三点：一是进一步加大沙区林草植被保护力度，严格执行国家和内蒙古自治区相关制度，认真落实《沙化土地封禁保护修复制度方案》，加强沙化土地封禁保护区和沙漠公园建设，积极开展沙区灌木林平茬复壮试点工作；二是加快沙化土地治理步伐，持续实施京津风沙源治理、"三北"防护林体系建设和退耕还林等国家林业重点生态工程，启动实施浑善达克、乌珠穆沁沙地重点危害区治理工程，大力推进规模化林场建设；三是发展壮大林沙产业，把防沙治沙与发展农村牧区经济结合起来，引导各种社会主体合理开发利用沙区资源，探索和创建类型多样的产业化防治模式，增强防沙治沙的持续发展动力。

3. 调节服务方面

随着"一带一路"倡议、京津冀协同发展和西部大开发、新一轮东北振兴等的深入实施，内蒙古自治区进入加快推进生态文明建设的关键时期，生态环境保护工作面临重要的战略机遇。主要做到以下四点：一是要把生态环境保护工作放在更加突出的位置，严守生态底线，保障经济发展和生态保护的同步进行；二是要加强生态环境法治建设工作，发挥环境法治的引领和规范作用，为依法保护环境提供有力保障；三是要转变经济发展方式，升级流域产业结构和能源结构，大力发展环境友好型企业；四是要提高民众和社会对政府环保工作的参与和监督热情，形成全员参与的环保氛围。

4. 文化服务方面

旅游业要坚持品牌化发展，以品牌带动全域旅游和四季旅游，促进旅游业转型升级，全面提升旅游业的影响力和竞争力。同时，分类推进，融合发展，以"旅游＋"形式拓宽发展新空间。"旅游＋生态"，促进生态系统的保护和合理利用，构建以绿色生态产业为主的地区可持续发展格局；"旅游＋健康"，开发集康复疗养、养生保健于一体的健康旅游产品；"旅游＋商品"，丰富旅游商品品牌体系，延伸旅游产业链条，拓宽旅游创收渠道。

6.2.3　多尺度耦合下区域水生态文明建设适应性管理对策

本书选取江苏省水生态文明适应性建设为基于服务价值的区域水生态文明适应性管理对策的分析案例。基于水生态系统服务承载力的江苏省水生态文明适应性建设评估结果显示，江苏省水生态文明适应性建设是一个复杂的系统工程，需要从系统角度进行顶层规划设计，并依托江苏省水生态文明适应性建设理念，系统提出实施内涵与管控机制。

1. 规划层面："水脉"计划

在规划层面提出"水脉"计划，并且从规划基础、规划理念、规划目标三个方面介绍：①规划基础。根据国家划定的主体功能区，结合江苏省对国土空间的综合评价，在《江苏省主体功能区规划》中形成"一群三轴式"城镇化空间格局，作为全省城镇化发展的重要空间。②规划理念。以江苏省河网水系为基础，依托江苏省水文化脉络，辅以工程措施，将具有完整水生态系统的城镇节点和水生态功能区通过河道串连，沟通全省水系，构建江苏省水生态空间布局的全局性规划。河网水系作为自然基底层，是"水脉"计划的生态基础。水文化脉络作为文化中间层，是"水脉"计划的建设灵魂。江苏省城镇节点与水生态功能区串连水网作为经济社会层，是"水脉"计划的实现形式。"水脉"不仅包括自然水体，还包括通过工程措施开拓的新水体。"水脉"计划的核心灵魂是"江南水乡"文化，河湖只是载体，其最终目的是构建具有区域文化特色的水生态空间布局。③规划目标。以江苏省城镇化空间格局规划所形成的"一群三轴式"空间布局为基础，结合江苏省河网密布的水生态特点，采用"水脉"计划将"一群三轴"中的四个城镇群落、城镇节点以及水生态功能区通过河网相互连通，形成全省范围水生态空间彼此相连的城镇化格局。

2. 实施层面："水敏"建设

"水敏"建设是指遵循自然水循环和生态过程，着力将"水脉"计划与区域可持续发展有机结合，实现人与自然和谐发展的低影响开发模式，其生态系统、基础设施、经济发展应满足可持续发展的要求。

"水敏"建设主要包含两方面内容：①工程措施建设，包括对雨水、污水、供水三方面的引导、利用、处理等工程措施。"水敏性"雨水资源利用既能缓解城市洪涝压力，又能实现水体净化服务能力最大化，主要通过海绵城市建设实现。"水敏性"污水处理能提高政府财政效用，可利用中水回用设施进行污水再利用，通过人工湿地进行污水末端净化，主要通过清洁城市建设实现。"水敏性"供水对供水质量、供水量、节水量都提出了严格的生态标准，进一步提升了居民用水水平，主要通过亲水城市建设实现。②非工程措施建设，包括对公民素质和集体选择等非工程措施建设。"水敏"公民素质要求具有生态优先理念、主人翁意识、强烈的利益诉求、价值愿望，以追求人的全面发展为动力。"水敏"集体选择以使公众享受良好水生态系统服务，承担"水敏性"建设责任，营造水生态氛围，实现水生态系统资源管理效益最大化为目标。

3. 管理层面："红线"管控

江苏省水生态文明适应性建设"红线"管控是为维护区域水生态安全及经济社会可持续发展而划定的生态功能区空间边界线，由红、蓝、绿三线组成：①江苏省水生态红线。以《江苏省生态红线区域保护规划》中划定的全省 15 类生态红线区域为依据，以亲水、涉水为原则，遴选江苏省水生态红线。②江苏省水生态蓝线。水生态蓝线是在水生态红线的基础上，以保护核心水生态系统服务功能为前提，以公平、效率、可行为原则，通过定期、定量评估水生态系统服务功能预期增值而划定的外围保护圈；水生态蓝线本质上是水生态文明建设的省级动态调控线，根据考核结果由地方政府申请调整，由省级主管部门审核；水生态蓝线范围内可适当调整产业结构与空间布局，是地方政府具有一定能动性的自适应区间。③江苏省水生态绿线。水生态绿线是特定水生态功能区服务能力最大辐射范围，也是水生态文明建设的状态考核单位，其空间范围由红线范围内水生态核心功能区水生态禀赋决定。

"红线"管控并非固定不变，包含内在与外在两个层面的动态调节。三条线存在对立统一关系，红、绿为两个端点，静态时间点内不变，长期会发生位移。"红线"管控侧重于三线管控：①水生态红线管控。只能由政府依据整体规划强制规定，原则上短期不发生变动。②水生态蓝线管控。水生态蓝线为水生态核心功能区提供保护，使水生态系统内的生态要素得以休养生息，从而提升水生态系统服务功能价值，需要政府、市场两方面调节，即"两手抓、两手都要硬"。利用政府"看得见的手"进行政策引导，通过市场"看不见的手"发挥其对资源配置的市场运作优势，形成政府、市场与公众的多主体合作管控模式。③水生态绿线管控。水生态绿线范围随着红线区域的水生态系统服务功能总值增加而扩大。

6.2.4 多尺度耦合下跨流域水权交易适应性管理对策

针对江西省萍乡市水生态系统服务价值管理案例，结合江西省萍乡市水权交易实践，从以下两个方面构建管理对策。

1. 水生态系统服务价值量的价格与水资源稀缺性正相关

水生态系统服务价值量的价格与交易区域水资源稀缺性呈正相关关系。因此，水资源稀缺性也是政府急需破解的资源障碍。除开展水权交易获得水资源外，政府还需要优化地区产业结构，提升节水技术，加大水污染治理力度，公民也需要增强节水意识，从开源和节流两个方面缓解地区水资源紧缺状况。

2. 跨区域水权交易需考虑水生态系统服务的准市场特征

水生态系统服务价值量的价格体现需考虑准公共物品属性，政府行政影响与市场供需影响缺一不可。上级政府对跨区域水权交易价格具有调节作用，且与价格正相关；相较于需求系数，上级政府协调能力对价格的变化范围、变化幅度的影响更为显著。政府在跨区域水权交易中具有议价能力，政府议价能力系数与价格正相关，当政府议价能力系数增加时，企业在水权交易中的话语权将会变小。在跨区域水权交易中政府需要平衡与市场的关系，既使市场在资源配置中起决定性作用，又适度发挥政府对价格的调节作用，促使跨区域水权交易平稳有序发展。

6.3　本章小结

本章在分析典型流域（区域）水生态系统服务利用现状的基础上，辨识水生态系统服务管理的制度建设瓶颈，定位水生态系统服务适应性管理政策的制度建设需求。同时，在深入理解水生态系统服务适应性管理政策变迁机理的基础上，提出水生态系统服务适应性管理政策框架。此外，针对典型流域（区域）的水生态系统服务管理，本章提出了相应的对策建议，也为在全国范围内推行水生态系统服务适应性管理提供了政策支持。

参 考 文 献

[1] FALKENMARK M，WIDSTRAND C. Population and water resources：A delicate balance[J]. Population Bulletin，1992，47（3）：1-36.

[2] PERVEEN S，JAMES L A. Scale invariance of water stress and scarcity indicators：Facilitating cross-scale comparisons of water resources vulnerability[J]. Applied Geography，2011，31（1）：321-328.

[3] 姜克隽. IPCC1.5℃特别报告发布，温室气体减排新的时代的标志[J]. 气候变化研究进展，2018，14（6）：1-3.

[4] 向国成，李宾，田银华. 威廉·诺德豪斯与气候变化经济学——潜在诺贝尔经济学奖得主学术贡献评介系列[J]. 经济学动态，2011（4）：103-107.

[5] 肖况，吴光. 都江堰市陆地生态系统服务功能及其生态经济价值研究初报[J]. 广东农业科学，2008（8）：126-130.

[6] 殷会娟，张文鸽，张银华. 基于价值流理论的水权交易价格定价方法[J]. 水利经济，2017，35（2）：53-55.

[7] 谢高地，张彩霞，张昌顺，等. 中国生态系统服务的价值[J]. 资源科学，2015，37（9）：1740-1746.

[8] LINDAHL E. Just taxation：A positive solution[J]. Palgrave Macmillan UK，1958：168-176.

[9] SAMUELSON P A. The pure theory of public expenditure[J]. Review of Economics & Statistics，1954，36（4）：387-389.

[10] 布朗 C V，杰克逊 P M. 公共部门经济学[M]. 张馨，译. 4 版. 北京：中国人民大学出版社，2000.

[11] 曼昆 N G. 经济学原理.下册[M]. 梁小民，译. 北京：北京大学出版社，1999.

[12] 植草益. 微观规制经济学[M]. 北京：中国发展出版社，1992.

[13] OSTROM E. Governing the commons：The evolution of institutions for collective action[M]. Cambridge：Cambridge University Press，2000.

[14] WEIMER D L，VINING A R. Policy analysis：Concepts and practice[M]. Upper Saddle River：Prentice Hall，2005.

[15] 郑秉文. 市场缺陷分析[M]. 沈阳：辽宁人民出版社，1993.

[16] 高鹤文. 准公共产品领域国有经济功能研究[D]. 长春：吉林大学，2009.

[17] 程浩，管磊. 对公共产品理论的认识[J]. 河北经贸大学学报，2002，23（6）：10-17.

[18] 陈其林，韩晓婷. 准公共产品的性质：定义、分类依据及其类别[J]. 经济学家，2010（7）：13-21.

[19] 肖卫东，吉海颖. 准公共产品的本质属性及其供给模式：基于包容性增长的视角[J]. 理论学刊，2014（7）：57-61.

[20] BANDARA R，TISDELL C. The net benefit of saving the Asian elephant：A policy and contingent valuation study[J]. Ecological Economics，2004，48（1）：93-107.

[21] BRISTOW A L，WARDMAN M，CHINTAKAYALA V P K. International meta-analysis of stated preference studies of transportation noise nuisance[J]. Transportation，2015，42（1）：1-30.

[22] ABRANTES P A L，WARDMAN M R. Meta-analysis of UK values of travel time：An update[J]. Transportation Research Part A：Policy and Practice，2011，45（1）：1-17.

[23] DAVID P A，SHURMER M. Formal standards-setting for global telecommunications and information services. Towards an institutional regime transformation?[J]. Telecommunications Policy，1996，20（10）：789-815.

[24] CROWLEY P H，BAIK K H. Variable valuations and voluntarism under group selection：An evolutionary public goods game[J]. Journal of Theoretical Biology，2010，265（3）：238-244.

[25] MARWELL G，AMES R E. Experiments on the provision of public goods. II. Provision points，stakes，experience，and the free-rider problem[J]. American Journal of Sociology，1980，85（4）：926-937.

[26] HEAD J G. Public goods and public policy[J]. Public Finance，1962，17（3）：218-228.

[27] 郭丹. 准公共产品定价机制的理论思考[J]. 经济体制改革，2014（6）：154-158.

[28] 赵晔琴. 论农民工纳入城市住房保障体系之困境——基于准公共产品限域的讨论[J]. 吉林大学社会科学学报，2015，55（6）：68-75.

[29] 李宁. 准公共产品视角下旅游景区门票合理定价的研究[J]. 东南大学学报：哲学社会科学版，2012，14（S1）：28-30.

[30] 俞冰婧. 准公共产品需求收入弹性研究[D]. 杭州：浙江大学，2016.

[31] 章姗捷. 高速公路的准公共产品属性及其建设投资体制研究[D]. 杭州：浙江大学，2010.

[32] 夏飞，罗霞. 高速公路经济属性及其融资模式探讨[J]. 湖南商学院学报，2006，13（6）：13-15.

[33] 萧廙. 关于公路经济属性问题的若干思考——浅谈公路在公共财政和国有资产管理体制改革中定位的基础理论[J]. 公路，2003（8）：118-120.

[34] 樊胜根，张林秀，张晓波. 中国农村公共投资在农村经济增长和反贫困中的作用[J]. 华南农业大学学报：社会科学版，2002（1）：1-13.

[35] 孙开，彭健. 农村公共财政体制建设问题探析[J]. 财经问题研究，2004（9）：71-75.

[36] 刘鸿渊. 农村税费改革与农村公共产品供给机制[J]. 求实，2004（2）：92-94.

[37] 埃莉诺·奥斯特罗姆. 公共事物的治理之道[M]. 余逊达，陈旭东，译. 上海：上海译文出版社，2012.

[38] 埃莉诺·奥斯特罗姆. 公共事物的治理之道：集体行动制度的演进[M]. 余逊达，陈旭东，译. 上海：上海译文出版社，2012.

[39] 埃莉诺·奥斯特罗姆，罗伊·加德纳，詹姆斯·沃克. 规则、博弈与公共池塘资源[M]. 王巧玲，任睿，译. 西安：陕西人民出版社，2011.

[40] 埃莉诺·奥斯特罗姆. 集体行动与社会规范的演进[J]. 王宇锋，译. 经济社会体制比较，2012（5）：1-13.

[41] 田喜洲，蒲勇健. 我国旅游资源过度开发的原因分析[J]. 生态经济，2006（6）：103-105，113.

[42] 孙吉亭，潘克厚. 我国渔业资源开发问题的经济学分析[J]. 中国渔业经济，2002（6）：17-18.

[43] 靳永翥，赵龙英. 贫困乡村准公共物品自主提供的动态协调机制——基于集体行动理论视角的"滑竿原理"[J]. 甘肃行政学院学报，2010（6）：18-26.

[44] 徐理响. "公共池塘资源理论"与我国农村公共事物治理——对公共池塘水资源使用情况的思考[J]. 农村经济，2006（2）：12-14.

[45] 王浦劬，王晓琦. 公共池塘资源自主治理理论的借鉴与验证——以中国森林治理研究与实践为视角[J]. 哈尔滨工业大学学报：社会科学版，2015（3）：23-32.

[46] 苏力. 从契约理论到社会契约理论——一种国家学说的知识考古学[J]. 中国社会科学，1996（3）：79-103.

[47] 聂辉华，杨其静. 产权理论遭遇的挑战及其演变——基于2000年以来的最新文献[J]. 南开经济研究，2007（4）：3-13.

[48] ECKARDSTEIN D V，SIMSA R. Strategic management：A stakeholder-based approach[M]. Wiesbaden：VS Verlag für Sozialwissenschaften，2004.

[49] FREEMAN R E，EVAN W M. Corporate governance：A stakeholder interpretation[J]. Journal of Behavioral Economics，1990，19（4）：337-359.

[50] 王斐斐. 对利益相关者理论的思考[J]. 理论月刊，2007（8）：35-37.

[51] 杨瑞龙，周业安. 企业的利益相关者理论及其应用[M]. 北京：经济科学出版社，2000.

[52] SUN Q，ZHOU P D. Stakeholder analysis in natural resource management[J]. Guizhou Agricultural Sciences，2008，36（4）：192-194.

[53] 王清刚，徐欣宇. 企业社会责任的价值创造机理及实证检验——基于利益相关者理论和生命周期理论[J]. 中国软科学，2016（2）：179-192.

[54] 张琦，刘克. 基于利益相关者理论的企业绩效评价指标体系[J]. 系统工程，2016（6）：155-158.

[55] 黄祖辉，胡豹. 经济学的新分支：行为经济学研究综述[J]. 浙江社会科学，2003（2）：70-77.

[56] 孙炤，刘厚俊. 行为经济学：当代西方经济学最新思潮[J]. 当代财经，2002（1）：12-15.

[57] 汪丁丁. 当代经济学的行为学转向——评2002年度诺贝尔经济学奖[J]. 财经，2002（20）：56-57.

[58] 朱湖英. 非理性旅游消费决策行为的成因分析[J]. 吉首大学学报：自然科学版，2010，31（1）：121-124.

[59] 张延，张轶龙. 理查德·塞勒：将心理学融入经济学[J]. 经济学动态，2017（12）：99-115.

[60] 叶德珠，王聪，李东辉. 行为经济学时间偏好理论研究进展[J]. 经济学动态，2010（4）：99-103.

[61] 宋超英，张乾. 房地产泡沫产生的行为经济学分析[J]. 中国物价，2008（7）：30-33.

[62] LI C，ZHENG H，LI S，et al. Impacts of conservation and human development policy across stakeholders and scales[J]. Proceedings of the National Academy of Sciences，2015，112（24）：7396-7401.

[63] 李文华，张彪，谢高地. 中国生态系统服务研究的回顾与展望[J]. 自然资源学报，2009，24（1）：1-10.

[64] 傅伯杰，周国逸，白永飞，等. 中国主要陆地生态系统服务功能与生态安全[J]. 地球科学

进展，2009，24（6）：571-576.

[65] DAILY G C. Nature's services：Societal dependence on natural ecosystems[J]. Pacific Conservation Biology，1997，6（2）：220-221.

[66] SARUKHAN J，WHYTE A，HASSAN R，et al. Millenium ecosystem assessment：Ecosystems and human well-being[M]. Washington DC：Island Press，2005.

[67] TANSLEY A G. The use and abuse of vegetational concepts and terms[J]. Ecology，1935，16（3）：284-307.

[68] SABINE D B. Man's impact on the global environment：Assessment and recommendations for action[J]. Microchemical Journal，1970，16（1）：270-271.

[69] EHRLICH P R，MOONEY H A. Extinction，substitution，and ecosystem services[J]. Bioscience，1983，33（4）：248-254.

[70] COSTANZA R，DE GROOT R，SUTTON P，et al. Changes in the global value of ecosystem services[J]. Global Environmental Change，2014，26：152-158.

[71] 欧阳志云，王如松. 生态系统服务功能、生态价值与可持续发展[J]. 世界科技研究与发展，2000，22（5）：45-50.

[72] POSTHUMUS H，ROUQUETTE J R，MORRIS J，et al. A framework for the assessment of ecosystem goods and services：A case study on lowland floodplains in England[J]. Ecological Economics，2010，69（7）：1510-1523.

[73] DE GROOT R S，WILSON M A，BOUMANS R M J. A typology for the classification，description and valuation of ecosystem functions，goods and services[J]. Ecological Economics，2002，41（3）：393-408.

[74] POWER A G. Ecosystem services and agriculture：Tradeoffs and synergies[J]. Philosophical Transactions of the Royal Society of London. Series B，Biological Sciences，2010，365（1554）：2959-2971.

[75] BENNETT E M，PETERSON G D，GORDON L J. Understanding relationships among multiple ecosystem services[J]. Ecology Letters，2009（12）：1394-1404.

[76] LI Y J，ZHANG L W，QIU J X，et al. Spatially explicit quantification of the interactions among ecosystem services[J]. Landscape Ecology，2017，32（6）：1181-1199.

[77] 李鹏，姜鲁光，封志明，等. 生态系统服务竞争与协同研究进展[J]. 生态学报，2012（16）：5219-5229.

[78] 李文华，欧阳志云，赵景柱. 生态系统服务功能研究[M]. 北京：气象出版社，2002.

[79] BROWN T C，TAYLOR J G，SHELBY B. Assessing the direct effects of streamflow on recreation：A literature review[J]. Journal of the American Water Resources Association，1991，27（6）：979-989.

[80] YOUNG R A，LOOMIS J B. Determining the economic value of water：Concepts and methods[M]. New York：Routledge，2005.

[81] HENRY R，LEY R，WELLE P. The economic value of water resources：The Lake Bemidji survey[J]. Journal of the Minnesota Academy of Science，1988，53（3）：37-44.

[82] 赵同谦，欧阳志云，王效科，等. 中国陆地地表水生态系统服务功能及其生态经济价值评价[J]. 自然资源学报，2003，1（4）：443-452.

[83] 吴姗姗，刘容子，齐连明，等. 渤海海域生态系统服务功能价值评估[J]. 中国人口·资源与环境，2008，18（2）：65-69.

[84] 张振明，刘俊国，申碧峰，等. 永定河（北京段）河流生态系统服务价值评估[J]. 环境科学学报，2011，31（9）：1851-1857.

[85] 韩慧丽，靖元孝，杨丹菁，等. 水库生态系统调节小气候及净化空气细菌的服务功能——以深圳梅林水库和西丽水库为例[J]. 生态学报，2008，28（8）：3553-3562.

[86] 曹生奎，曹广超，陈克龙，等. 青海湖湖泊水生态系统服务功能的使用价值评估[J]. 生态经济，2013（9）：163-167.

[87] 王国新. 杭州城市湿地变迁及其服务功能评价[D]. 长沙：中南林业科技大学，2010.

[88] CHAN K M A，HOSHIZAKI L，KLINKENBERG B. Ecosystem services in conservation planning：Targeted benefits vs. co-benefits or costs?[J]. Plos One，2011，6（9）：e24378.

[89] BUTLER J R A，WONG G Y，METCALFE D J，et al. An analysis of trade-offs between multiple ecosystem services and stakeholders linked to land use and water quality management in the Great Barrier Reef，Australia[J]. Agriculture Ecosystems & Environment，2013，180（6）：176-191.

[90] 葛菁，吴楠，高吉喜，等. 不同土地覆被格局情景下多种生态系统服务的响应与权衡——以雅砻江二滩水利枢纽为例[J]. 生态学报，2012，32（9）：2629-2639.

[91] SU C H，FU B J，WEI Y P，et al. Ecosystem management based on ecosystem services and human activities: A case study in the Yanhe watershed[J]. Sustainability Science，2012，7（1）：17-32.

[92] 王鹏涛，张立伟，李英杰，等. 汉江上游生态系统服务权衡与协同关系时空特征[J]. 地理学报，2017，72（11）：2064-2078.

[93] M E A. Ecosystems and human well-being: Synthesis[M]. Washington，DC: Island Press，2005.

[94] 乔丹. 中美水资源保护管理对比研究[J]. 农村经济与科技，2018，29（13）：64-65.

[95] 于秀波. 澳大利亚墨累-达令流域管理的经验[J]. 江西科学，2003，21（3）：151-155.

[96] 马建琴，刘杰，夏军，等. 黄河流域与澳大利亚墨累-达令流域水管理对比分析[J]. 河南农业科学，2009（7）：69-73.

[97] 章建文，王睿. 国外水资源管理模式对湘江水资源统一管理与调配的借鉴[J]. 中南林业科技大学学报：社会科学版，2010，4（6）：47-50.

[98] 夏军，刘晓洁，李浩，等. 海河流域与墨累-达令流域管理比较研究[J]. 资源科学，2009，31（9）：1454-1460.

[99] 郝晓地，宋鑫，曹达啟. 水国荷兰——从围垦排涝到生态治水[J]. 中国给水排水，2016，32（16）：1-7.

[100] 温鸿安，马汝轩. 荷兰水污染防治的理念和措施[J]. 东北水利水电，2018，36（1）：68-70.

[101] 王永军. 流域水资源统一管理体制研究[D]. 天津：天津大学，2004.

[102] 周玉霞. 我国清代以来水管理研究[D]. 武汉：武汉大学，2004.

[103] 周玉玺. 水资源管理制度创新与政策选择研究[D]. 泰安：山东农业大学，2005.

[104] 王永军. 流域水资源统一管理体制建立探讨[J]. 海河水利，2005（3）：3.

[105] 甘泓，王浩，罗尧增，等. 水资源需求管理——水利现代化的重要内容[J]. 中国水利，2002（10）：66-68.

[106] 冯彦，杨志峰. 我国水管理中的问题与对策[J]. 中国人口·资源与环境，2003，13（4）：40-44.

[107] 郭书英，赵春芬. 海河流域水利科技发展的回顾和展望[J]. 海河水利，2004（1）：4-7.

[108] 程根伟，陈桂蓉. 试验三峡水库生态调度，促进长江水沙科学管理[J]. 水利学报，2007，38（s1）：526-530.

[109] 程琼，田开清，张启东，等. 三峡坝区退耕还林工程建设现状与思考[J]. 现代农业科技，2007（12）：177-178.

[110] 胡继连，葛颜祥. 黄河水资源的分配模式与协调机制——兼论黄河水权市场的建设与管理[J]. 管理世界，2004（8）：43-52.

[111] 王亚华. 对黄河连续5年不断流及防断流工作的评价[J]. 人民黄河，2005（4）：1-4.

[112] 何兰超. 对海河流域节水政策的几点建议[J]. 海河水利，2005（1）：15-16.

[113] 任宪韶. 转变用水观念创新发展模式全面推进海河流域节水型社会建设[J]. 海河水利，2006（2）：5-7.

[114] 王亚军，孙福全，尚杰. 淮河治理与流域的社会发展[J]. 河南水利与南水北调，2011（14）：76-77.

[115] 王飞跃. 平行应急管理系统 PeMS 的体系框架及其应用研究[J]. 中国应急管理，2007（12）：22-27.

[116] 李慧玲，陈竟，高炬，等. 上篇："党和政府一定会帮助受灾群众重建家园"[J]. 党的建设，2008（7）：12-16.

[117] 杜喜学. 抓住机遇 扬优成势 努力实现江西石油化学工业发展的新跨越[J]. 江西化工，1997（1）：1-3.

[118] 杜生明. 安徽省政策性农业保险发展研究[J]. 现代农业科技，2010（20）：391-392.

[119] 万晓凌，毛晓文. 江苏太湖流域降雨径流年际变化分析[J]. 水资源与水工程学报，2013（6）：203-205.

[120] 唐剑，席运官，刘华周，等. 江苏省环太湖地区有机农业现状调查与发展对策研究[J]. 农业科技管理，2015，34（2）：12-14.

[121] 仇蕾，赵爽，王慧敏. 江苏省太湖流域工业水环境监管体系构建[J]. 中国人口·资源与环境，2013（5）：84-92.

[122] 陈润，王跃奎，高怡，等. 2004～2008年太湖水质变化原因及治理对策[J]. 水电能源科学，2010，28（11）：35-37.

[123] 沈家文，黄涛. 破解雾霾难题：价格机制改革撬动低碳制造发展[J]. 全球化，2015（3）：70-82.

[124] 韩向华. 太湖流域生态补偿模式研究——以江苏段为例[D]. 石河子：石河子大学，2009.

[125] 王清军. 排污权交易若干问题之思考——以水污染为视角[J]. 武汉理工大学学报：社会科学版，2009（4）：67-74.

[126] 彭江波. 排放权交易作用机制与应用研究[D]. 成都：西南财经大学，2010.

[127] 张淑丽. 水污染物排污权交易的规则与方式[D]. 北京：北京化工大学，2008.

[128] LARONDELLE N，FRANTZESKAKI N，IIAASE D. Mapping transition potential with stakeholder-and policy-driven scenarios in Rotterdam City[J]. Ecological Indicators，2016，70：630-643.

[129] COSTANZA R，D'ARGE R，GROOT R D，et al. The value of the world's ecosystem services

and natural capital[J]. Ecological Economics，1997，25（1）：3-15.

[130] 何锡君，吕振平，杨轩，等. 浙江省降雨侵蚀力时空分布规律分析[J]. 水土保持研究，2010（6）：31-34.

[131] 沈照伟，田刚，李钢，等. 浙江省降雨侵蚀力变化特征分析[J]. 水土保持通报，2013，33（4）：119-124.

[132] 张信宝，焦菊英，贺秀斌，等. 允许土壤流失量与合理土壤流失量[J]. 中国水土保持科学，2007，5（2）：114-116.

[133] 申曙光. 生态文明及其理论与现实基础[J]. 北京大学学报：哲学社会科学版，1994（3）：31-37.

[134] 吕晓晓. 基于土地生态服务价值的微山县土地利用结构优化研究[D]. 泰安：山东农业大学，2012.

[135] 鲍文，陈国阶. 基于水资源的四川生态安全基尼系数分析[J]. 中国人口·资源与环境，2008（4）：35-37.

[136] 徐道炜，刘金福，洪伟. 中国城市资源环境基尼系数研究[J]. 统计与决策，2013（9）：27-30.

[137] ZHOU H，HUANG J，YUAN Y. Analysis of the spatial characteristics of the water usage patterns based on ESDA-GIS：An example of Hubei province，China[J]. Water Resources Management，2017，31（5）：1-14.

[138] CARL G，KÜHN I. Analyzing spatial autocorrelation in species distributions using Gaussian and logit models[J]. Ecological Modelling，2007，207（2-4）：159-170.

[139] 孙才志，陈栓，赵良仕. 基于 ESDA 的中国省际水足迹强度的空间关联格局分析[J]. 自然资源学报，2013，28（4）：571-582.

[140] 李力，洪雪飞，王俊，等. 基于 PLS 与 ESDA 的经济-能源-环境系统耦合协调发展研究[J]. 软科学，2018，32（11）：44-48.

[141] 钟少颖，何则. 基于 DEA 与 ESDA 的中国国家级贫困县发展效率的测度与时空演化研究[J]. 中国人口·资源与环境，2016，26（10）：130-136.

[142] 彭程，陈志芬，吴华瑞，等. 基于 ESDA 的城市可持续发展能力时空分异格局研究[J]. 中国人口·资源与环境，2016，26（2）：144-151.

[143] EZOE H，NAKAMURA S. Size distribution and spatial autocorrelation of subpopulations in a size structured metapopulation model[J]. Ecological Modelling，2006，198（3-4）：293-300.

[144] LI X，GRIFFIN W A. Using ESDA with social weights to analyze spatial and social patterns of preschool children's behavior[J]. Applied Geography，2013，43：67-80.

[145] 许倍慎，周勇，徐理，等. 湖北省潜江市生态系统服务功能价值空间特征[J]. 生态学报，2011，31（24）：7379-7387.

[146] 胡和兵，刘红玉，郝敬锋，等. 城市化流域生态系统服务价值时空分异特征及其对土地利用程度的响应[J]. 生态学报，2013，33（8）：2565-2576.

[147] 李波，赵丽琴，姜世中，等. 滇池湖区生态系统服务价值变化及空间自相关研究[R]. 安阳：2015 年全国土地资源开发整治与新型城镇化建设学术研讨会，2015.